생각정리스킬

整理
想法的
技術

回E-MAIL	女朋友 為什麼生氣？
晚餐 要吃什麼？	準備PPT
寫日記	寫演講稿
以後的出路	下星期 要交報告
明天要開會	來偷上個FB
買生日禮物	星期六 要去哪裡玩？
	企劃書 要怎麼寫？

福柱煥 복주환 (Bok joohwan) ——著　張亞薇——譯

U0014474

一頁紙練就想法整理技術

複雜的人生	也許是你的寫照	每個人都需要整理想法	善於整理想法的方法	想法視覺化	大腦活動	想法整理藍圖	想法整理運用法	你需要的想法工具
整理想法講座	第一章必要性	想法升級	額葉	第二章原理	整理想法工具	曼陀羅圖	第三章想法整理	目標達成技巧
擁有整理想法技巧的人	整理想法的技術	提高執行力的秘訣	右腦發想左腦整理	羅列分類排列	提問延伸整理	選擇困難症候群	心智圖	3的邏輯樹
企畫的想法整理	企畫和計畫	需要和想要	第一章必要性	第二章原理	第三章整理想法	讀書前的閱讀	無法記憶的理由	答案就在書名中
解決問題	第四章企畫	腦力激盪法	第四章企畫	整理想法技術	第五章閱讀	讀書中的閱讀	第五章閱讀	記憶目錄結構
腦力傳寫法	問題圖	一頁企畫書	第六章演說	第七章人生	推薦Tool	讀書後的閱讀	在空白處整理想法	製作閱讀清單
害怕演說的你	誤解麥拉賓法則	演說整理想法的過程	減重	寫日記無法持久的理由	回憶過去日記	曼陀羅圖	心智圖	邏輯樹
分析對象和目的	第六章演說	選定主題	設計未來日記	第七章人生	人生實踐目標	腦力激盪法	推薦Tool	問題圖
羅列問題	設計目錄	編寫內容	想法的大數據	人生座標圖	願望清單	ALMind	Evernote	尋找自己的專屬工具

人生很簡單，
只是我們的思緒複雜！

序

　　這本《整理想法的技術》是集結我的講座內容寫成的書。每個月舉辦的〈整理想法的技術〉公開講座皆吸引許多聽眾參加，也成為聚會文化平台「ONOFFMIX」中的人氣講座。從忙碌的上班族、準備找工作的大學生，到各領域的專家，都需要接受整理想法技術的課程。我長期接觸各種領域的人們，親眼見到他們透過教育課程改變了自己，更加確信「整理想法技術」是必備的溝通技術。

　　忙於講座而片刻不得閒的我，之後以決定寫這本書的理由是，釜山、大邱、濟州等地有不少想要參加整理想法技術課程的人們，因為距離過遠而放棄。我在惋惜之餘心想：「該怎麼做才能傳達整理想法技術？」於是開始整理講座內容。從整理複雜的想法開始，內容包括企畫點子、閱讀整理、演說、目標達成等基本的想法整理原理和方法，最後完成了這本書。

　　《整理想法的技術》簡單來說，就是「**明快思索、整理和表達的訣竅**」。這在商務領域中是最重要的能力，也是基本中的基本。整理想法、設計想法、表達想法，這三者兼具的人被

公認是有能力的人才。

　　我們活著時從未停止思考。世上所有事情皆需經由整理想法達成。問題是我們身邊不乏不會整理想法而勞心勞力的人們。網路的出現發展出大數據時代，但真正能夠有系統地整頓腦中想法的人們又有多少呢？筆者將10年來研究並領悟的想法整理訣竅和知識集結起來，希望與各位分享。

　　改變想法就能改變行為，改變行為就能改變習慣，改變習慣最終就會改變命運。翻閱這本書的當下，你的想法就會變得更明確。我由衷地希望你能成為想法整理的達人，擁有成功的人生。現在就開始一起來整理想法吧！

福柱煥

> 改變你的想法，就能改變你的行為，
> 改變你的行為，就能改變你的習慣，
> 改變你的習慣，就能改變你的人格，
> 改變你的人格，就能改變你的命運。
>
> 美國哲學家與心理學家
> 威廉・詹姆士 William James（1842～1910）

目錄

前言 ｜ 給今日腦袋
又是一片混亂的你

　　星期一早晨，眼睛一睜開，看見時鐘指向7點33分。「天啊，我遲到了！」金代理匆匆忙忙穿上衣服，不管三七二十一衝向公司。他急忙跑到公車站，但還是差了一步沒趕上公車。

　　「今天又要被主管白眼了。」金代理感到洩氣。果然不出所料，他一到公司，感覺氣氛異常冷淡。他小心翼翼地在位置上坐下，習慣性地打開電腦。先確認郵件好呢？還是要準備開會用的報告？不知道該從哪件事情開始做起，於是他翻開記事本，依想到的順序把該做的事一一寫下來。

　　　「開會，回覆郵件，製作產品構想企畫書，
　　　寫報告，與廠商開會，處理銀行事務」

　　「要做的事情怎麼這麼多？」他不禁嘆了一口氣，提不起精神。心想著要把上禮拜沒完成的產品構思案寫完，卻到了開平日會議的時間。

「金代理，你的開會資料準備好了嗎？」

他把資料遞給朴部長，部長卻一臉不滿意的表情。漫長的一小時會議開始了。各方提出意見，工作指示也毫不留情一一湧現。部長的發言逐漸變成了嘮叨，一股睡意襲來，金代理的眼皮沉重不已，這時會議終於結束了。

「大家這一周也要好好努力，以上，會議結束。」

金代理回到座位上，看著剛剛記下的會議記錄。明明有很多意見和代辦事項，部長還特別強調非常重要，但記事本上的內容根本毫無重點。「先解決燃眉之急好了！」金代理這樣想著，於是他開始重新整理產品構思企畫書。今天一定要交出這份企畫案！他抬起頭盯著天花板，腦中浮現各種思緒……。點子很多，問題是不知道該如何彙整。他想起好像有人說過，想法很多雖然是「優點」，但無法統整的話就是「毒藥」……金代理好不容易把想法和資訊拼湊起來，費盡一番周折完成了企畫書。

午休過後他外出和廠商負責人開會。雖然會面時間很短，但這是關乎買賣成功與否的重要場合，不免開始緊張。簡單先從天氣開始聊起，接著談到了生意。緊張到極點的他，汗水浸濕了襯衫腋下。

會議結束後，他著手準備要呈交給部長的會議紀錄。自認記憶力一流的他，會議結束卻想不起來剛剛到底談了什麼。試著利用上次參加講座時學到的心智圖彙整技巧，但沒有什麼效果於是放棄了，不免後悔剛剛開會時為什麼沒想到錄音。

　　一整天忙得團團轉的他，眼看著已經到了下班時間。金代理垂頭喪氣地踽踽而行，到家之後他深深嘆了一口氣，心想：「明天又該怎麼撐過去？」解決不了的煩惱依舊盤踞在腦中，使他思緒混亂。今天又是一個難以成眠的夜晚。

這說不定也是你的寫照

　　上班族或許都經歷過跟金代理一樣的情況。**人生就是整理大大小小想法的延續。工作始於計畫，以報告書作結。會議進行時需要整理想法，會議開始之前也需要彙整想法。甚至選擇午餐也是一種想法整理。我們每天生活無時無刻都在整理我們的想法。**

　　即使隨著網路普及，人工智慧時代來臨，但又有多少人能夠真正有系統地管理並整理自己腦中的想法呢？因為大量湧入的資訊，反而使得我們腦袋變得更複雜混亂，甚至出現無法做決定的選擇困難症。這都是由於無法整理想法而背負壓力，最後形成病症。

　　說不定你今天也處在無法整理想法而深感壓力的狀況中。也許你也會想「**真希望知道該如何整理雜亂無章的思緒。多麼羨慕那些能夠明快思索、整理和表達自我的人……**」自己到底為什麼不會整理想法呢？當你為了尋找方法偶然間翻開這本書，那麼我想告訴你，你找對了。這本書就是為了需要整理想法技術的你所準備的。

每個人都需要

　　事實上，整理想法技術不分男女老少，是人人都需要具備的能力。並非沒有也沒差，而是一種會對你的生活產生巨大影響的重要能力。

　　對學生來說，整理想法和學習方式、準備考試息息相關。而對上班族來說，企畫、會議、工作報告、做簡報等，幾乎所有活動都和整理想法有關。如果缺乏整理想法技術，學生的學習方法和計畫會因效率低下而影響成績，上班族則可能出現工作進度延宕、溝通能力不足、工作效率低落等各種問題。

A)即使不會整理想法　　　B)為創造獨特的整理想法
也毫不在意的人　　　　技術努力的人

　　諸如此類的情況層出不窮，有人為了學習該如何整理想法
而翻找書籍、參加講座。「整理想法技術」對每個人來說是必
備的能力，而這世上存在著兩種人：

A）即使不會整理想法也毫不在意的人

　　A類型是對整理想法毫不在意的人。如果天生擅長整理想
法的話，當然不需要特別加強。但因為龐大的資訊洪流使得我
們的腦袋愈來愈複雜，只要是活在這時代的現代人都需要「整
理想法技術」。想法未經整理的人，相對來說**做事速度緩慢，
說出的話前後不一，行為也缺乏計畫**。由於缺乏計畫性，經常
重複犯下失誤，因此承受壓力。

　　當思緒未經整理，會使自己和周遭的人們感到混亂。若不
努力學習整理想法技術，問題將愈來愈嚴重。而毫不在意是最
大的問題。澆熄一個小小的火苗，才能遏止巨大災難。想要減

少的失誤，面對難題時也能充滿自信地解決，就必須學習整理
想法技術。

B）為創造獨特的整理想法技術努力的人

B類型是為了創造獨樹一格的整理技巧，而不斷努力的
人。這樣的人不只會整理想法，也試圖精通構思和表達的方
法。他們翻找關於整理想法的書籍，親自參加講座，研究方法
和原理；過程當中發現了心智圖、腦力激盪、曼陀羅圖等獨特
的思維工具。

努力得到的整理想法技術**提高了做事速度，和周遭人們的
溝通也更加圓融。**也有人在努力過後卻沒有得到太大的效果，
原因是沒有正確掌握方法和原理。整理想法技術能為苦於不得
其門而入的人們帶來希望，給擁有專屬整理想法技術的人一對
翅膀。

努力絕對不會背叛你。希望透過這本書，你的努力會為你
帶來成效。

重新認識「想法整理」

複雜的人生	也許是你的寫照	每個人都需要整理想法
整理想法講座	**第一章必要性**	想法升級
擁有整理想法技術的人	整理想法的技術	提高執行力的秘訣

01　誰需要學習整理想法？

需要學習整理想法技術的你

來到「想法整理學院」的人們不分男女老少，想要解決煩惱、了解心智圖、學習管理時間的方法、讓口才更好等，來訪的原因形形色色，但最終目的都是希望學習如何整理想法、訂定計畫和表達的方法。以下是需要整理想法技術的人：

（1）青少年

學習的方法非常多元。掌握資訊和知識重點並加以整理、根據脈絡和原理加以理解並紀錄、提出假設來延伸思維觀點，這些都是學生非常需要的能力。用硬背的方式記下他人所整理出的知識，這種學習方法在強調創意思維的21世紀不具任何意義。

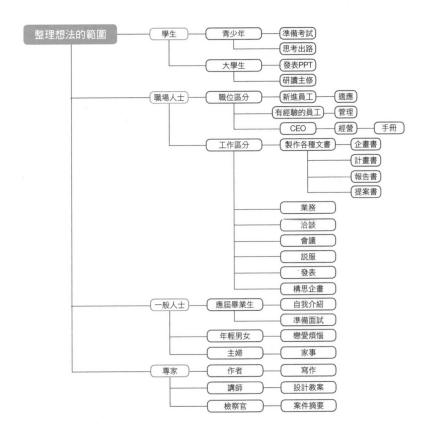

　　一旦學會整理想法技術，便能提升理解力、記憶力和思考能力。並在最短時間內掌握知識的核心內容，以及了解整體走向。因此即使付出的時間和努力相同，獲得的成效也會更高。不只國小、國中和高中，青少年教育機構和補習班也都需要運用整理想法技術。

（2）大學生、研究生、應屆畢業生

大學生主要關注的焦點是思考出路和就業準備（自我介紹、履歷表）等，利用願望清單和人生座標圖等工具進行整理，會有很大的幫助。除此之外，準備小組發表時，不妨運用想法整理演說的五階段過程，可以獲得不錯成果。

研究生在寫論文時，可以利用數位心智圖軟體將龐大知識和資訊予以統整。

應屆畢業生則可以根據自身展望和對未來公司的想法，決定要應徵的公司。因此平常應該多多收集公司資訊，並且熟悉面試所需的想法整理技術。

（3）上班族、創業者

企業等同企畫能力。企業顧名思義，是結合企畫和業務的地方。上班族在製作企畫書、計畫書、報告書、提案書時，在進行銷售、洽談、會議、說服、發表時，都需要整理想法技術。為了讓同時進行的各種業務和企畫達到圓滿，必須製作簡明扼要的工作清單，為了提高工作成效並更有效率，整理想法技術更是不可或缺。

而創業者在創業過程中，從製作事業計畫案開始，包括商品企畫書、提案書、計畫書等，必須自行構思並整理出許多內

容；為了圓滿解決問題以及做出合理決定，創業者也必須擁有整理想法技術。

（4）年輕男女、家庭主婦

那麼戀愛中的年輕男女呢？為了維持幸福的愛情，需要充分了解對方的想法，以及懂得認同和整理的智慧。男女之間如果不能掌握彼此的想法，無法理解對方，就可能會因為小事而引發口角爭吵。

對忙碌的家庭主婦來說也需要整理想法。家庭主婦從早到晚要做的事情非常多，早上起床之後忙著送小孩上學，幫老公做好上班的準備。堆積的碗盤沒洗，還要加上打掃、洗衣、摺衣服等，家事忙也忙不完。為了順利度過一天，做事之前需要整理想法，事先做好計畫。

（5）專業人士

專業人士為了提升自身的專業度，需要將資訊、知識有系統地彙整並具體化。作家寫作時，教授、講師準備教案時，檢察官整理案件摘要時，設計家構思設計概念時，企畫人發想創意時，皆需要整理想法技術。

就像這樣，不分男女老少，每個人都需要整理想法。從「午餐要吃什麼？」之類的小小煩惱，到直接關乎企業營收的

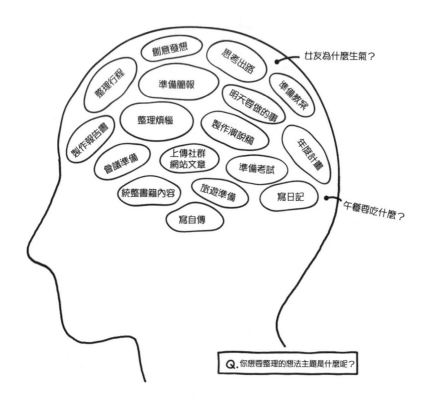

計畫書，我們的生活中，整理想法從不停歇。你希望透過《整理想法的技術》這本書，整理哪些想法呢？請你參考上圖，希望找出你所需要的整理想法主題。

O2 是否具備整理想法技術所造成的差異

嫻熟整理想法技術者

嫻熟整理想法技術的人，最大特徵是思路簡明。他們知道如何用邏輯處理龐大資訊，希望掌握情報核心和本質。而發生問題時，懂得按照進程循序解決。除此之外，他們也懂得將單純的想法進一步發展為創意，具有相當規劃能力，在公司或學校皆獲得他人肯定。

這些人平常有整理想法的習慣。無論何時何地，再瑣碎的小事也會記錄下來，經常進行整頓整理。當負責簡報工作時，會先描繪出大圖，著手進行前也會先制定計畫。付諸行動的過程中若發生問題，他們能夠不慌不忙地加以克服。根據狀況運用工具來整理想法，工作效率比別人高出兩倍。他們說話時習

慣從結論說起。為了簡明扼要傳達資訊，溝通能力也相當出色。

	具備整理想法技術的人	不具整理想法技術的人
思考模式	思路簡明	思路繁雜
	掌握資訊的核心	無法掌握資訊核心
	思考具邏輯性	思考漫無邊際
	解決問題按部就班	解決問題毫無章法
	優秀的點子企畫能力	想法繁瑣複雜
思考模式	有整理想法的習慣	沒有整理想法的習慣
	計畫之後再行動	行動時缺乏計畫
	運用整理想法工具	不運用整理想法工具
	工作效率高	工作效率低
	說話時從結論切入	說話時從情況切入

✉ 不瞭解整理想法技術的人

而相反的，不瞭解整理想法技術的人，思路總是十分繁雜。他們無法掌握資訊的核心，集中在不必要的辭藻修飾，因此浪費許多時間。漫無邊際的思維方式，帶給人說話前後不符的印象。當遇到問題時，由於缺乏解決問題的程序，經常感到挫折。雖然腦中有許多想法，但如果沒有規劃點子的能力，便無法獲得認同。

他們與嫻熟整理想法技術的人恰好相反，由於平常沒有整理想法和紀錄的習慣。不僅做事缺乏計畫，也不知要如何運用整理想法的工具，因此工作效率相對低落。他們對於處理過的事情不是從結論下手，而是從狀況開始說起，並且不斷重複，因此和他人的溝通並不順暢。

O3 整理想法是一門技術

　　那麼，該如何學習整理想法的技術呢？這本書強調的著眼點就是「技術」。學習技術人人都會，但無法整理想法的問題在於不懂得「方法」。腦中的想法雖然無形，但具有原理和反覆的模式。

提高執行力的方法

　　韓國KBS2 TV電視台節目《Sponge2.0》以「執行力」為主題，介紹唸書的訣竅。執行力被稱為「大腦的CEO」，是整理想法的能力之一，指的是將資訊系統化並予以執行的能力。

　　那麼如果缺乏執行力會如何呢？月薪200萬韓元（約新台幣5萬8千元）的人，由於對支出毫無規劃，刷了400萬韓元（約新台幣11萬6千元）的信用卡。或者減重中的人，只要肚子餓了就吃東西，因而減重失敗。工作時不知道先從哪一件事

開始做起，以至工作分配出現問題。考試時因為沒有策略而訂下不合理的目標，成果當然差強人意。就像這樣，缺乏執行力會對日常、學業、工作各方面造成影響。

　　如何能夠提高執行力呢？《Sponge2.0》介紹提升執行力的秘訣就是「**河內塔（Tower of Hanoi）**」。

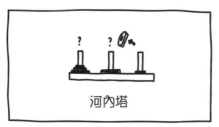

河內塔

影片觀看

　　河內塔是數學家盧卡斯（Lucas.E）引進的謎題，由8個圓盤和3根桿子組合而成，規則很簡單。

1. 每次只能移動一個圓盤。
2. 最終目標是將圓盤從最左邊的桿子移到最右邊的桿子。
3. 大盤不能疊在小盤之上。

　　執行力好的人第一次接觸河內塔時，會有什麼反應呢？執行力好就會擅長這個謎題嗎？

　　執行力優秀的參加者們可以在5階段的堆疊過程中，移動31次就成功解題。厲害的甚至可以在7階段的堆疊過程中，僅移動127次就成功。訣竅是什麼呢？節目的訪談內容如下：

　　「毫無目的是行不通的。而是要先制定計畫，找出模式後才辦得到。」

　　執行力好的人在移動圓盤時不是漫無章法，而是先在腦中規劃、尋找模式，再依序執行。

　　這次輪到10位執行力不太好的人嘗試。欠缺執行力的人的挑戰結果如何呢？可惜的是，他們全都失敗了。原因是什麼呢？

　　「一開始有稍微算一下，但後來覺得太麻煩了，乾脆想到什麼就做什麼。」

　　這是在沒有計畫和模式的情況下堆疊河內塔，由於不經思考導致失敗。

　　河內塔不能漫無目的地挪動，必須掌握模式並訂立計畫，方可堆疊成功。換句話說就是必須運用特殊技術。問題在於沒有執行力的人對規畫和尋找模式並不熟悉，最後只是按照習慣

採取行動。

　　念書或工作時若缺乏執行力，很容易放棄原本已計畫好的事情處理事情時也沒有組織性。而且不只會影響自己，也會加重周遭人們的負擔。

　　你的執行力如何呢？不妨在Google Play或App Store打上關鍵字「河內塔」，下載免費app程式來進行執行力測驗。

可以透過練習提高執行力！

　　執行力是可以提升的。節目還另外進行了為期2周的實驗，以缺乏執行力的人為對象，讓他們每天花2～3小時練習解開河內塔。2周的訓練結果如何呢？在持續進行河內塔訓練的過程中，他們規劃和尋找模式的能力強化了。簡單來說就是領悟到了河內塔的堆疊技巧。

　　2周後，最落後的參加者們出現一百八十度的大轉變。以前他們對河內塔一知半解，不知道該如何下手。但過了2周後，全體參加者皆可從容不迫地成功完成7階段的堆疊，過程順暢無阻，顯得游刃有餘。

　　更令人驚訝的是，參加者們的執行力都有顯著提升。尤其是原先第99名的參加者，執行力甚至提升到了第1名。

　　結束後，他的感想是「**我發現了模式和計畫的重要性。**」

從這個實驗可以得知，任何人都可以透過學習和訓練獲得進步。同樣的，利用這本書所介紹的13個思考工具、原理和技巧，經由學習和訓練之後，你的整理想法能力必然能夠提升。

只要擁有執行力，你就能衍生信心，進而運用規劃能力提升日常、學業和工作等領域。擁有整理想法技巧，就能以邏輯思考來制定計畫，並且領會明確表達的方法。重新發掘我們原本不知道的整理想法概念，也代表將無形的想法明確整理出來的方法和模式確實存在。

整理想法確實是一種技巧，這種技巧人人可學，只要持續訓練，每個人都可以被改變。我誠心盼望透過整理想法技巧，能夠使你的人生出現如奇蹟般的變化。

整理不了想法的根本原因

善於整理 想法的方法	想法視覺化	大腦活動
額葉	**第二章 原理**	整理想法 工具
右腦發想 左腦整理	羅列 分類 排列	提問 延伸 整理

01 整理不了想法的三大原因

　　想要善於整理想法的話，必須先反過來思考，無法整理想法的根本原因是什麼。唯有知道問題所在，才能找到解決之道。我在上課時問學生「你整理不了想法的最根本原因是什麼？」得到了各式各樣的回答。

「腦袋裡有太多想法。」

「從來沒有想過要整理想法。」

「整理想法這件事本身就很累人。」

「不知道自己適合用什麼方法整理想法。」

「很認真記錄，但沒什麼效果。」

「沒有整理想法的習慣。」

「從來沒學過心智圖之類的工具。」

「問題太複雜了。」

「我的腦袋比別人差。」

其中讓我感同身受的是「整理想法這件事本身就很累人。」意思是知道如何整理想法，但因為太累人而選擇不做。雖然我能理解他的感受，但無法整理想法的根本原因其實不是因為很煩。此外，還有「腦袋裡有太多想法」、「問題太複雜了」、「沒有整理想法的習慣」等各種回答，雖然這些是整理不了想法的原因，但都不是根本原因。最根本的原因在於線索，只要找到線頭，就能解開謎團。只要找到根本原因，其他部分自然會迎刃而解。那麼根本原因到底是什麼呢？我整理出的根本原因大致分為三種。

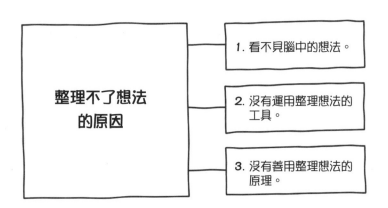

第一，腦中的想法是無形的。因為想法看不見、摸不著，所以難以統整。如果光用思緒整理，問題可能會愈來愈複雜。在不可視的狀態下，光靠思考整理是行不通的，必須將想法加以**可視化**。

　　第二，為了將無形的想法可視化，必須運用「整理想法的工具」。但問題是一般人不了解工具有哪些種類，以及該如何使用。因此應該根據整理想法的目的，學習適合的工具和方法。

　　第三，即使運用工具，如果不了解整理想法的原理的話，也無法好好整理想法。

　　那麼，現在就來具體了解該如何解決根本原因吧！

O2 將腦中無形想法可視化

想法是無形的大腦活動

　　無法整理想法的第一個原因是「想法」是不可視的。如果有能透視大腦的 X 光該有多好？就像身體不適時照 X 光一樣，當頭腦感到雜亂時，希望也能夠用目視檢視思緒。

　　相較之下，整理「看得見的東西」比較簡單。從整理書桌、衣櫃、文件到整頓交通，這些可見的部分整理起來並不難，問題在於整理思緒。所謂思緒是指無形的大腦活動，因此了解大腦是將思緒視覺化的第一步。

　　現在來看看人腦的結構。

　　人腦大致分為額葉、枕葉和顳葉，名詞聽起來很深奧，但了解之後其實不難。額葉位於大腦前方額頭附近，後腦杓的部分稱為枕葉，頭部兩側的部分稱為顳葉。

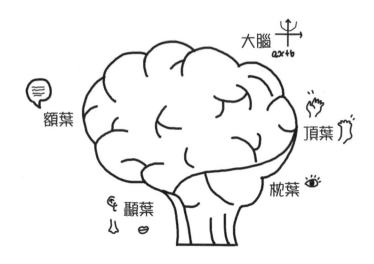

📝 負責整理想法的額葉

位於大腦前端的額葉負責思考和決策，因其功能也被稱作「大腦CEO」。簡單來說，我們工作和念書時最常使用的部分就是額葉，因此額葉也稱為「工作的腦」和「念書的腦」。

額葉最大的作用是整理想法。文字只是一種記號，而文字視覺資料是透過額葉傳送到腦部，大腦為了理解文字的脈絡會持續刺激額葉，藉由這種過程增強思考力量。相反的，看電視或玩電玩遊戲時，額葉完全沒有受到刺激。因此為了使額葉保持活躍，看電視或讀書時不能只是單向接受資訊，而需要時時整理自己的思緒。

聰明人大腦的特徵之一是額葉的活躍度。根據各項研究報告指出，聰明人的大腦額葉活動力相當旺盛，這也讓其所掌管的思考、訂立計畫、專注力、自我反省、決策、解決問題等人類最高層次的功能更加優秀。

曾經有一個實驗找來7名智商148以上的門薩俱樂部會員（Mensa，高智商俱樂部）和6名普通人，給他們3周時間試解心算和數學問題後，觀察他們的腦部活動，結果發現普通智商組在觸覺、痛覺和壓覺周圍負責調節溫度、位置和感覺等的頂葉功能變得更加活躍；而門薩會員除了頂葉之外，連額葉也變得更活躍。尤其是在解複雜題目時，額葉的活動力更加旺盛，根據這一點可以推測額葉和天賦有密切關係。

因此為了刺激額葉，平時必須培養整理想法的習慣。

別只用頭腦，需要用「手」整理

了解額葉的功能和角色之後，現在來看看手的功用。

現在請你觀察自己的雙手，你覺得手是什麼樣的工具呢？從很久以前開始，手就是生活的「工具」。利用雙手來打獵、耕作、製作道具，並形成今日的文化。而手也是記錄及整理想法的工具。整理雜亂無章的想法，記錄靈光一閃的思緒，將他

人所說的話抄錄下來的工具就是雙手。也就是說，手為我們整理出腦中想法。

手和大腦息息相關，試著雙手握拳並靠攏，不覺得形狀跟我們的大腦很像嗎？因此手也被稱為另一個腦。日本的腦科學家久保田義倉在著作《手與腦》中描述，經常使用手部會刺激額葉活動，因此主張好好運用雙手也許能開發額葉所有領域。人體共有206塊骨骼，其中54塊用來構成雙手，足足占了四分之一。由於雙手擁有大量關節，能夠進行各種細膩動作，因此能接收大腦發出的複雜訊號。在整理想法時，手的動作會成為和大腦交流的環節，能夠喚醒大腦的方法正是我們的手。現在就開始將腦中想法透過手來具體視覺化吧！

O3 運用整理想法的工具

你知道哪些整理想法的工具？

　　了解額葉和手的功能之後，現在開始進一步認識整理想法的工具吧！將想法具體視覺化簡單來說，就是**利用工具將想法整理成可見之物**。使用工具是快速提升整理想法能力的方法。那麼我們所知道的想法工具有哪些呢？試著說看看吧！

　　　　「便條紙」、「心智圖」

　　　　還有呢？

　　　　「邏輯樹」、「腦力激盪法」、「網路記事本」

　　　　還有呢？「……。」

　　如果問學生們這個問題，會得到以上的回答。我們所知的

想法工具出乎意料地少之又少。100個人當中，沒有人可以回答超過10種以上的工具。那麼，世界上已知的整理想法工具到底有多少呢？

300

令人驚訝的是，創意思維工具超過300個。有這麼多思維工具，而我們知道的居然不超過10個，真是令人感到惋惜。但也不需要感到氣餒，我們不需要了解300個工具。**工具不是知道愈多愈好，重要的是懂得如何善用**。那麼能夠提高工作、學業、日常效率的工具是什麼呢？來看看整理想法研究所推薦的五種想法工具吧！

首先在學習課業或工作時需要使用「心智圖」。這種工具以中心主題為基準，在列出分項的同時，能將想法整理成一目瞭然。開會時或發想創意時，可以運用「腦力激盪法」。設定目標或和他人溝通時不妨使用「曼陀羅圖」。解決問題時或是必須運用邏輯思考的情況，則可以利用「邏輯樹」，而想要延伸或整理思維時，最好的工具是「問題圖」。

像這樣只要了解目的，就能配合狀況使用適合的工具。關於想法工具在第三章到第七章有更詳細的說明。

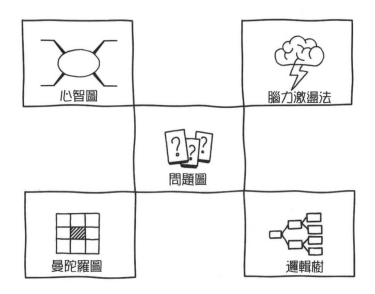

📝 模擬工具 vs. 數位工具

　　隨著數位時代來臨，原本只使用紙、筆等模擬工具來整理想法，現在已經進步到使用數位工具。可是整理想法時，到底要使用模擬工具還是數位工具好呢？模擬工具和數位工具各有其優缺點，只要根據情況，使用符合目的之工具即可。

　　模擬工具的優點是不論何時何地都能輕鬆進行記錄，也能發揮創意整理。另外，用手寫方式整理想法時，能夠刺激大腦，有助於增加思考的深度和寬度。而模擬工具的限制是修正、刪除和移動的不便，這部分可以透過數位工具來彌補。

　　數位工具的優點是可以附加相關檔案，也能透過圖片整理想法。另外還有整理速度相當迅速，及能夠輕易找到儲存的內容。但缺點是當工具故障或程式發生問題時，檔案一經刪除就很難復原。

　　模擬工具和數位工具的目的相同，都是為了幫助整理想法；因此必須找出適合自己的整理想法工具，並加以靈活運用。最近更出現能夠將手寫紀錄轉換儲存在數位工具的程式。現今時代的智慧代表——韓國碩學教授李御寧創造了「數模（Digilog）」一詞，是結合數位（Digital）和模擬（Analogue）的新概念。他在《數模》一書中提到，IT時代的來臨使得模擬和數位面臨分裂的命運，於是推出數模的融合理論。

　　整理想法的領域中，是否也應該找出能串連模擬和數位的形式呢？如果想要擁有整理想法的能力，需要懂得同時運用數位工具和模擬工具。

◨ 整理想法的工具就是你的能力

　　文化心理學博士金鼎運教授對韓國前文化部長李御寧讚譽有加。他在KBS 2TV的特別節目《今日，遇見未來》中表示，「我很羨慕李御寧前輩。」並說：「高齡80歲的他依然是一位創新者。」李御寧教授擁有三台不同作業系統的桌上型電

腦，三台尺寸和功能各異的筆記型電腦，以及一台平板，共擁有七台電腦和兩部掃描機等各種數位設備。這些都是由他親自完成設定和聯網，利用七台電腦蒐集和查詢資料，並加以整理、彙整成為自己的知識網絡。而他也將書中的重要部分掃描下來，作為查詢關鍵字的基礎資料庫。腦中突然浮現主題或句子時，也會用平板電腦觸控筆記錄下來；而這份紀錄會被轉為數位化資料，儲存在電腦中。就像這樣，電腦不再只是書房的一部機器，而是做為大腦的延伸。李御寧教授致力提倡數模世界，而他自己正是親身實踐的典範。

如今已進入能同時運用模擬工具和數位工具來整理想法的時代。如果發掘出能夠整理腦中思緒的想法工具，只要憑藉這項工具，你的人生將出現變得更聰明的重大變化。一開始你會覺得自己需要工具，但未來你將發現工具會為你增添光彩。希望你能找出適合自己，只有你能駕馭的整理想法工具。

04 善用整理想法的原理

　　想法是看不見的大腦活動，為了將想法可視化，可以利用手以及數位、模擬整理想法的工具。而第三個要探討的內容就是整理想法的原理。即使用再好的工具，如果不了解整理想法的原理，工具就會變得一無是處。

　　比工具更重要的就是想法，如果想要從根本上學會如何整理想法，就必須知道原理。那麼整理想法的原理是什麼呢？接下來介紹額葉喜歡的三種整理想法原理。

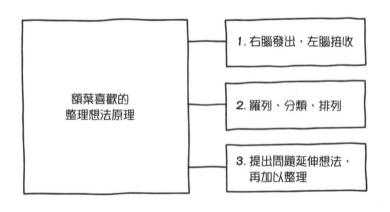

右腦發出，左腦接收

　　無法整理想法的其中一個原因，就是沒有立即整理想法的習慣。就像要整理衣服時，需要先把抽屜的衣服全部拿出來一樣，整理想法時也需要先將腦中思緒全部列出來。

　　整理想法的基礎是發出和接收。整理想法的過程是由「右腦」發出訊息，再由「左腦」進行整理。尤其發想創意時，最好盡可能挖掘大量點子。愛因斯坦曾說：「發明中不可或缺的就是能丟棄創意的垃圾桶。」許多想法中會衍生好點子。不需要的內容只要丟到垃圾桶裡就好，為了找出好點子，最好先挖掘出大量想法，之後再由左腦接收資訊，並進行統整。

　　請記住這一點：在整理想法時，必須先盡可能挖掘出所有想法！

羅列、分類、排列

　　當右腦挖掘出大量想法後，接著就進入左腦整理的程序。整理想法需經過「羅列」、「分類」和「排列」三個階段。以下的例子將具體說明整理想法的原理如何運作。

（1）羅列——挖掘想法

如果只在腦中整理想法的話，因為想法是無形的，反而會變得更複雜。為了解決這個問題，必須將想法羅列出來，也就是先把腦中所有想法全部挖掘出來。

以「一天作息」作為主題，試著整理想法吧！將腦中浮現要做的事情用想法工具羅列出來。應該會像下圖一樣，有會議、製作企畫書、寄出郵件、閱讀等各種日常作息的目錄。

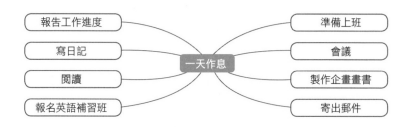

報告工作進度　寫日記　閱讀　報名英語補習班　一天作息　準備上班　會議　製作企畫書　寄出郵件

（2）分類——整理想法

列出所有想法之後，接下來需要加以分類。分類是指訂出基準之後分配的行為，在整理想法的過程中扮演了最重要的角色。分類就是整理，因此擅長整理的人，也懂得分配。想法也一樣，懂得分配的人，也擅長整理想法。那麼該如何進行分配呢？亞里士多德認為，文字的發明是為了將萬物加以分類。想要整理看不見的想法時，必須尋找能夠維繫想法的關鍵字。那

一天的作息該以什麼為基準來分類呢？想要將一天作息加以分類，可以利用以下的基準來思考。

- 時間的種類：上午、下午、晚上等
- 地點的種類：外部、內部等
- 任務的種類：日常、學業、工作等
- 優先順序的種類：1～5、重要事項、緊急事項等

　　像這樣決定分類基準之後，接下來根據基準，將羅列出來的日常作息進行分類。一天作息也可以用各種方法加以分類，我推薦的是按照時間→地點→任務→優先順序的順序來整理。時間當中有地點，地點當中有人，也就會出現任務。像這樣以客觀性和邏輯性的方式思考出順序，我舉一個以時間為基準所分類的內容。

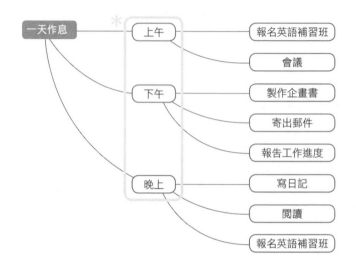

　　不過是以時間為基準進行分類，卻能比過去整理得更有條理。可以的話，多進行幾次分類會更好。想法是愈挖掘會愈發明確，也愈清晰可見。

　　如果以時間分類之後覺得不夠完整，可以再用地點作為基準，以家、公司和外部環境作分類。多進行一次分類的步驟之後，很明顯可以感覺到想法變得更有系統。

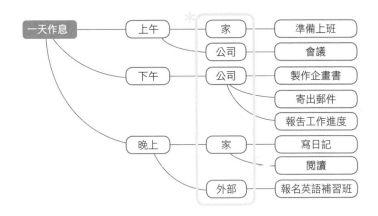

什麼時候可以停止分類呢？很簡單，等到想法整理好後就可以停止了。那麼，現在就試著一起來分類看看吧！這次以任務的種類「日常、學業、工作」作為基準分類。

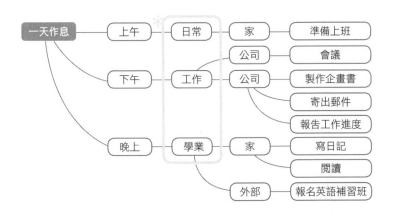

像這樣以時間、地點和任務的種類為基準來分類，不僅能整理想法，也能了解自己的一天如何度過，並發現日常生活的模式。當然也許有人對系統化思考還不熟悉，因此進行分類之後反而覺得更複雜。但假設只羅列想法而不加以分類，不只是當事人，聆聽想法的人也會感覺變得更加複雜。

分類能使想法系統化，也能讓想法一目瞭然，對整理想法來說，分類是不可或缺的重要環節。

（3）排列──決定想法的優先順序

整理想法的最後階段就是「排列」。排列是決定想法的優先順序。這個階段是將我們的想法轉為行動的階段，因此在整理想法的過程中非常重要。方法很簡單，按照重要程度簡單標上數字，必須做的事情根據重要性排列出順序。

如果製作出清單，就能把一天作息從想法轉為實踐。最後請試著製作一份屬於自己的清單，根據重要性將一天作息按照順序重新排列。

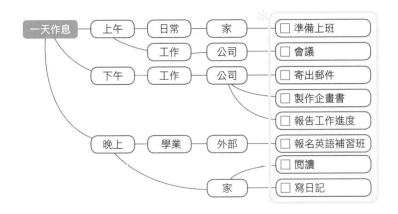

　　終於將一天作息相關的想法整理完成了。在羅列想法、進行分類、再加以排列的過程中,達成整理的步驟。這個原理幾乎適用於所有主題。創意企畫、學習、擬定教案、寫作、管理簡報等專業主題也能使用這個原理進行整理。除此之外,心智圖、腦力激盪法、曼陀羅圖和邏輯樹等工具也能和羅列、分類、排列一同並用。原因是羅列、分類和排列就是整理想法的原理。

提出問題延伸想法,再加以整理

　　整理想法的另一項原理是「提出問題」。我們在整理想法時通常會習慣從答案開始說起。如果從答案開始思考,一開始

可以回憶起當初的想法，但不知不覺就會讓想法受到侷限。開啟想法的不是答案，而是問題。提出問題會釋放封閉的思維。當你下定決心要整理想法時，首先要做的第一件事情不是回答，而是提問。問題不只能延伸想法，也是幫助整理想法的有效工具和原理。那麼該如何提出問題呢？

　　基本上問題可以從六何原則著手。六何原則在字典上的解釋是六種「**人們最好奇的核心要素**」。簡單來說，只要運用六何原則就能掌握單一主題的核心，並且加以整理。六何原則的構成要素如下。

　　何人、何時、何地、何事、如何、為何

　　六何原則！六何原則！請仔細聽清楚：從六何原則提出「問題」，從六何原則進行「整理」，從六何原則加以「思考」。問題就是六何原則。該如何提出問題呢？假設你規劃了一個旅行，需要了解哪些事情呢？請不要從答案開始，而先從問題著手。

　　根據六何原則提出問題之後，再設想答案。

　　從問題開始思考時，重要的是不要停止，要接連不斷提出問題。多提出一個問題時，就會讓想法變得更明確，也更具體化。我利用以下文字來說明想法如何延伸。

　　該怎麼去濟州島？→飛機—哪家航空公司好呢？—濟州航空→原因是什麼？—費用便宜→沒有更便宜的嗎？—要問問看朋友→哪個朋友？—剛從濟州島回來的秀真→什麼時候問？—秀真下班的時候問→何時去濟州島？—10月底→10月底有什麼活動？—濟州島偶來路慶典→還有什麼？—西歸浦七十里節→10月底去的話有什麼優點？—涼快的秋日天氣很舒服→還有其他的嗎？—剛好家人都可以排休假

　　接連不斷提出問題的過程中，能讓想法不斷延伸，這也是我一再強調的。整理想法不是透過答案，而是透過問題。像這樣，藉由提問來延伸想法並加以整理即稱為「問題圖」，在「第四章讓單純想法成為點子的方法」中會有更詳細的說明。

第三章

聰明整理
複雜思緒的方法

想法整理 藍圖	想法整理 運用法	你需要的 想法工具
曼陀羅圖	**第三章 想法整理**	目標達成 技巧
選擇困難 症候群	心智圖	3的邏輯樹

01　整理想法的藍圖

「整理想法技巧」運用法

　　現在開始將正式介紹聰明整理腦中思緒的方法。目前你最需要整理的主題是什麼？此刻你正面臨什麼煩惱？你必須正確了解自己的狀態，才能找到合適的解決方法。

　　整理想法的工具超過300種。其中包括艾森豪（Dwight D. Eisenhower）矩陣和SWOT分析法等有助於決策的工具，但內容對一般人來說較難理解，在運用上有難度。

　　因此本書《整理想法的技術》介紹13種人人都能輕鬆學習的實用整理想法工具，可以直接應用在工作、學業和日常生活上。這些工具可以根據狀況和目的選擇使用，並且能夠充分發揮效果。

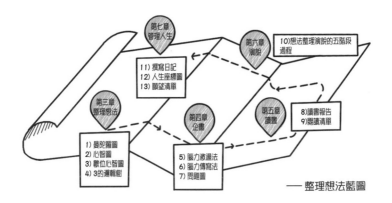

—— 整理想法藍圖

　　本書第三章開始需要按照順序閱讀。希望你仔細翻閱第三章到第七章的內容，從最需要的部分開始閱讀。請將整理想法技術想成是你專屬的想法顧問，當出現煩惱或腦中思緒變得複雜時，可以經常翻閱它。為了幫助你選擇，我準備了整理想法的藍圖。

　　第三章以整理想法為主題，說明有助於簡單整理腦中思緒的曼陀羅圖、心智圖、數位心智圖和3的邏輯樹。第四章說明幫助創意發想的腦力激盪法、腦力傳寫法和問題圖。第五章介紹有助於閱讀整理的讀書報告和閱讀清單。第六章說明想法整理演說的五階段過程，第七章說明能夠改變人生的撰寫日記、人生座標圖和願望清單。

整理想法（第三章）

（1）曼陀羅圖

曼陀羅圖是由「達成目標」的「Manda＋la」和藝術「Art」組合而成的單字，是日本設計師今泉廣明從佛教象徵達到頓悟境界的佛畫中獲得靈感而創造的。日本職棒投手大谷翔平曾經表示，自己成功的祕訣就是曼陀羅圖思考法，因而成為了熱門話題。曼陀羅圖被視為達成目標的工具，也是發想創意的工具。

（2）心智圖

心智圖的意思是「想法地圖（Mind Map）」，是1970年由英國的東尼・博贊（Tony Buzan）所開發的思考技巧，也稱為能夠極致發揮大腦功能的「思考力為主的大腦開發計畫」和「整理想法技巧」。心智圖呈放射狀結構，像畫圖一樣接連不斷進行思考為其特徵。

（3）數位心智圖

數位心智圖是為了彌補東尼・博贊的心智圖限制所開發出來的軟體。包括電腦、手機和網路專用的數位心智圖，最具代

表性的是ALMind和XMind。數位心智圖的優點是可以隨時進行修正和編輯，也很容易和其他程式共享和連結。此外，也能利用各式各樣的附加功能提高工作效率。

（4）3的邏輯樹

3的邏輯樹簡單來說，是指「無論任何主題，都整理出3項重點」。運用3的邏輯樹整理想法的方法包括What tree、Why tree、How tree。世界變得愈複雜，愈需要學習單純整理想法的方法。使用3這個數字，就能幫助明快思索、整理和表達出來。

企畫（第四章）

（5）腦力激盪法

腦力激盪法本意是指「大腦風暴（brain storm）」，是1930年由美國的奧斯本（Alex F. Osborn）所開發的思考技巧。這種技巧能擴大創意範圍，像滾雪球般產生連鎖效應，因此也稱為「雪球保齡球（snow bowling）」技巧。數人聚在一起發想創意時便會運用這種技巧。

（6）腦力傳寫法

　　腦力傳寫法是1968年德國的魯爾已巴赫（Bernd Rohrbach）教授為了彌補腦力激盪法的不足所研發的方法。腦力激盪法是由幾個人聚在一起彼此討論，激盪出創意的方法。而腦力傳寫法是安靜地將想法寫在紙上，藉此發想創意。腦力傳寫法和腦力激盪法雖然類似，腦力傳寫法主要是先將自己的想法記錄下來，以此內容為基礎，再記錄別人的想法，因此更有效率。

（7）問題圖

　　問題圖是指「提出疑問的地圖（Question Map）」，是身為想法整理研究所負責人的筆者所開發出的工具。如果利用心智圖和腦力激盪法等工具仍無法從根本整理出想法的話，可以運用問題圖來解決。藉由問題的構成要素——六何原則，能夠簡單將想法加以延伸，並整理得一目瞭然；也可以做為學習工具和創意企畫工具使用。

閱讀（第五章）

（8）讀書報告

讀書報告是指讀完一本書之後，用一張紙寫下閱讀內容。讀書報告的重要性是能將閱讀過程中受啟發的想法和感想記錄下來，並長久保存。更進一步來說，也是寫讀後感或書評時需要的資訊。基本的內容包括閱讀動機、書籍資訊、書籍內容（大綱）、印象深刻的句子、閱讀心得和想法等，整理之後寫成一張紙。

（9）閱讀清單

閱讀清單顧名思義就是將自己想要讀的書來列成清單。製作閱讀清單有助於將讀過的書籍加以分類，同時也能避免只偏好閱讀某一類的書籍。此外，讀過的書籍累積起來能夠增添自信，賦予持續閱讀的動機。清單的內容包括書籍種類、書名、作者、開始閱讀的日期和結束日期等。

演說（第六章）

（10）整理想法演說的五階段過程

演說的成功與否在於明確的訊息和穩固的邏輯結構。整理想法演說的五階段過程依序是1.決定演說的對象、2.選定演說的主題、3.列出問題並簡單整理出大綱、4.編寫目錄、5.舉出各種事例使內容更豐富，完成演說稿。

整理人生（第七章）

（11）寫日記

我們只能活在當下，能夠記下這個重要時刻的方法是什麼呢？就是寫日記。寫日記是回顧一天的生活，並夢想未來的整理想法工具。除此之外，也是檢視人生是否順利圓滿的指南針。寫日記是和自己的對話，我在過去10年來持續不斷地寫下每天的日記，也將在這裡公開我的訣竅。

（12）人生座標圖

如果能用一張紙整理出我的人生該有多好？人生至少要有一次試著畫出人生座標圖，檢視過去的生活，同時思考未來的走向。一張人生座標圖是能夠概略標示人生走向，有如魔法一般的工具。

（13）願望清單

願望清單是勾勒出未來藍圖，思考未來想要以何種面貌生活，以及自己為何活著的重要行動。如果你已透過人生座標圖整理出過去的人生，那麼接下來就透過願望清單立下未來生活的目標吧！

你需要的想法工具是什麼？

現在我們已大略了解《整理想法的技術》中介紹的13種想法整理工具，根據狀況和目的選擇適合的工具相當重要。現在來思考看看，你最需要的想法工具是什麼？以及為什麼需要它？

你需要的想法工具是什麼？		
順序	工具種類	需要的原因
1		
2		
3		
4		
5		

02 工具①曼陀羅圖

📑 你是否也有選擇困難症？

我們活在人類歷史上最複雜的時代。過去所接觸到的資訊是有限的，但在龐大資訊、新知識和網路發達的影響下，訊息量呈幾何級數迅速增加。平凡的生活中必須做出無數的選擇，大量的言語和行動使我們失去重心；舉凡吃的、穿的、買的、看的等等，我們日常生活和工作中所接觸的所有一切都是選擇的延續。在這種情況下，我們很難輕易做出決定，而這種不斷猶豫的心理稱作「選擇困難症」或「哈姆雷特症候群」。

「哈姆雷特症候群」一詞出自於莎士比亞所寫的四大悲劇之一《哈姆雷特》中的經典台詞：「生存還是毀滅？這是個問題！（To be or not to be. That is the question.）」。2015年「哈姆

雷特症候群」被列為韓國前十大消費關鍵詞，足見獲得許多人共鳴。選擇還是無法選擇？這是個問題。要吃炸醬麵，還是海鮮麵？為了幫助苦惱的消費者做出決定，甚至出現此類的應用程式。

「我是不是也有選擇困難？」

你是否也曾經搖擺不定，無法做出決定，因而讓周遭的人們感到為難？有一種簡單方法可以測出你是否有選擇困難。來測驗你的選擇困難程度吧！右圖是網路流傳的心理測驗，抱著輕鬆有趣的心態，拿起筆來試試看吧！

你的測驗結果是什麼呢？正常範圍？還是可能有選擇困難的初期階段？或者符合六項以上，正處於嚴重的選擇困難？不需要太過擔心，因為這是尚未被科學證實的測驗資料。即使如此，為了擔心的你，我將介紹解決方法。

能有助於克服選擇困難的方法是稱為「曼陀羅圖」的想法工具。如果你或朋友肚子餓，卻無法決定要吃什麼的話，試試看曼陀羅圖吧！使用方法非常簡單，從肚子餓周圍1～8的數字中選擇一個數字，如果選擇1號炸雞，再往炸雞表格從1～8當中選擇即可。

選擇困難測驗

☐ 1.曾因無法做出正確選擇，造成日常生活中的損失。

☐ 2.曾經被某人強迫做出決定，因而感到巨大壓力。

☐ 3.曾經無法決定想看的電視節目，不斷反覆更換頻道。

☐ 4.「今天要吃什麼好呢？」、「可以買這個嗎？」等小事
情無法自行決定，而上傳網路尋求建議。

☐ 5.對於別人的提問，經常以「我想想」、「應該吧」作
回答。

☐ 6.沒辦法獨自購物，必須有朋友隨行幫忙自己做決定。

☐ 7.曾經在餐廳花30分鐘以上選擇菜單，也經常跟著別
人點一樣的食物。

測驗結果

0～2項：屬於正常範圍內，但有輕微的優柔寡斷傾向。

3～5項：可能有選擇困難，屬於初期階段。由於難以做
出正確選擇，對自己和他人可能造成不便。

6項以上：你正處於嚴重的選擇困難，如果沒有他人的幫
助，連小事也無法自行決定。

克服選擇困難的食物選單曼陀羅圖

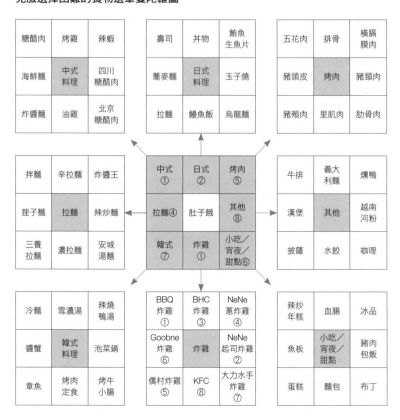

達成目標的技巧

曼陀羅圖本來是想要達成目標時所使用的工具。曼陀羅圖（mandal-art）是「目標達成」的「Manda＋la」和「Art」結合而成的單字，由日本設計師今泉廣明所創，從佛教的曼陀羅中

獲得靈感而創造了這個工具。曼陀羅是用重疊的圓形、四角形和蓮花等來表現領悟境界的佛畫。

　　曼陀羅圖眾所周知的原因是在日本有「怪物投手」封號的大谷翔平曾說，自己的成功祕訣就是利用「曼陀羅圖」。日本職棒教練佐佐木洋在電視節目〈NewsFix〉訪問中說道：

保養身體	喝營養補充品	頭前深蹲90kg		改善內踏步	核心肌群強化	軸心不晃動		做出角度	從上面把球投出	加強手腕
柔軟性	體格	傳統深蹲130kg		放球點穩定	控球	消除不安		集中力量	球質	下半身主導
體力	關節活動範圍	吃飯早三碗晚七碗		強化下盤	維持身體重心	控制自己的心理		從前方控球	提升球的轉速	關節活動範圍

目標清楚	不亦喜亦憂	冷靜的頭腦炙熱的心		體格	控球	球質		以軸心來旋轉	強化下盤	增重
臨危不亂	心理	不情緒化		心理	八球團第一指名	球速160km/h		核心肌群強化	球速160km/h	強化肩膀周圍肌肉
不造成紛爭	對於勝利的執著	體諒隊友		人性	運氣	變化球		關節活動範圍	平飛接球	增加用球數

感性	被愛的人	計畫性		打招呼	撿垃圾	打掃房間		增加拿好球數	完成指叉球	滑球的品質
愛心	人性	感謝		珍惜使用球具	運氣	對主審的態度		慢而曲率大的曲球	變化球	對左打者的決勝球
禮儀	值得信賴的人	堅持		正面思考	成為被支持的人	讀書		投球品質等同直球	投出好球的控球能力	以深度作為想像

出處：Sports Japan

「我從來沒擲過時速160km的球，因此我沒辦法教大谷翔平怎麼投球，但是除了技術面之外，我認為身為指導者一定要教球員思考的方法。」

大谷翔平高中一年級時就立下「成為8支球團選秀第一順位」的目標，並在曼陀羅圖上寫下8個達成夢想的必備目標。大谷翔平認為一名投手不僅要具備投球威力、體力、變化球和速度等條件，還需要運氣、韌性和意志力。他非常了解只靠實力是無法成功的，為了達成「8支球團選秀第一順位」的目標，他列出72個詳細目標並加以實踐。

曼陀羅圖的3項優點

曼陀羅圖有哪些優點呢？我簡單整理出3項優點：

第一、可以透過一張紙清楚看到內容。在整理想法的工具中，可以用一張紙記載許多想法是非常重要的元素。曼陀羅圖以橫式和直式各9格，畫出總計81格的四角形，完成之後內容一目瞭然。

第二、利用想要填補空格的心理。曼陀羅圖經常使用作為發想創意的工具，原因就是填補空格的過程中，會出現各式各樣的點子。因此曼陀羅圖運用在想法停滯的狀態時，會帶來激發想像力的效果。

　　第三、能夠具體並邏輯性整理想法。曼陀羅圖分為中心主題、首要主題和次要主題，在記錄內容的同時，自然而然形成邏輯系統。除此之外，記錄詳細內容時，也能將想法具體化。

　　大谷翔平在曼陀羅圖上訂立目標，並且為了達成目標而認真思考。每達成一個曼陀羅圖上的小小目標，就離偉大夢想更進一步。就像這樣，你也可以透過曼陀羅圖整理腦中思緒，訂出計畫並加以實踐。曼陀羅圖將成為你聰明整理想法的有效工具。

曼陀羅圖的使用方法

　　繪製曼陀羅圖的方法十分簡單：首先在中央正方形的空格內思考主題。圍繞在主題周圍的8格欄位寫下和主題相關的核心關鍵字。核心關鍵字再往外做延伸，列出和8個核心關鍵字相關的詳細內容。

（1）中心主題

在中心主題寫下核心概念。試想什麼是你必須解決的核心問題和目標，假設以「5年內變有錢」作為主題，在中心處寫下目標。

（2）首要主題

在首要主題寫下詳細內容。一一寫下5年內變得富有的8個方法，包括儲蓄、股票、不動產、投資、創業、購屋、提高身價、養成習慣等。

儲蓄	股票	不動產
投資	5年內變有錢	養成習慣
購屋	提高身價	創業

（3）次要主題

在次要主題寫下實踐方法或詳細作法。次要主題的內容愈具體愈好，例如5年內變有錢的方法中，針對養成習慣寫出以下內容。儲蓄的習慣、閱讀的習慣、運動的習慣、讀報的習慣、閱讀經濟報紙、早晨提早起床和正面思考等。

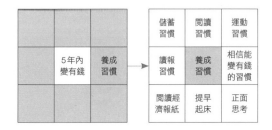

（4）先後順序

最後寫下先後順序，決定從哪裡開始實踐。為了培養富有的習慣，決定出1.相信能變有錢的習慣、2.儲蓄的習慣、3.閱讀經濟報紙、4.閱讀的習慣、5.正面思考、6.運動的習慣、7.提早起床、8.讀報的習慣的順序。

②儲蓄的習慣	④閱讀的習慣	⑥運動的習慣
⑧讀報的習慣	養成習慣	①相信能變有錢的習慣
③閱讀經濟報紙	⑦提早起床	⑤正面思考

曼陀羅圖，應該什麼時候使用？

曼陀羅圖對於某項主題衍生出各種想法，並使之具體化有極大幫助。曼陀羅圖的優點是可以根據目的，運用在工作或日常生活當中。那麼曼陀羅圖應該什麼時候使用呢？請參考以下內容，一起檢視你什麼時候，以及如何使用它。

訂立 減重 計畫時	訂立1年、 1個月、 1周目標時	想起 必須做的 事情時
訂立 學習 計畫時	例）何時 使用曼陀 羅圖？	尋找資料 素材時
準備 簡報時	構思 點子時	前往 購物時

	何時使 用曼陀 羅圖？	

○3 工具②心智圖、工具③數位心智圖

最著名的整理想法工具是心智圖（Mind Map）。

心智圖是指「想法的地圖」，是對工作、學習和日常生活非常有幫助的全腦思考技巧。心智圖的最初創始人是東尼‧博贊（Tony Buzan，發音近似韓文的「釜山」），他透過各種著作和影片表達對韓國的關懷。

> 「你好，我的名字是東尼‧博贊。
> 東尼‧博贊這個名字其實和韓國有關，
> 我的祖先過去居住在韓國釜山，
> 因此我說不定是韓國人的後代。」

東尼‧博贊開發心智圖的原因是什麼呢？他在1960年代就讀英屬哥倫比亞大學研究所時課業逐漸加重，雖然很認真念書，學習效率卻不見提升。他為該如何解決這個問題所苦惱，

於是開始投入大腦的研究。他發現阻礙人類大腦綜合思考的原因是直線型思考和典型筆記方式的缺點。先花點時間看看以下內容，找出典型筆記方式的問題出在哪裡吧！

> 　　青少年的特性大致可以分為智力特性和非智力特性。智力特性是指青少年個人被引導進入指導場景之後，學習具智力性質的知識所累積的總和。其中包括智能、適性、認知模式、學齡前學習等。非智力特性是比智力特性更難以界定的複合概念。
>
> 　〔出處〕青少年指導方法論——李福喜　合著

你是否找到了核心內容呢？還是為了找到核心，反覆讀了幾次？你應該花了不少時間想要找到這篇短短的文字所蘊含的關鍵字。雖然重要事項是透過關鍵字傳達，但是典型筆記方式並不能使人找到關鍵字。這是**大腦阻礙了想要適當連結各種核心概念的過程，結果使創意力和記憶力導向低落。**而用單一顏色紀錄的筆記，會造成視覺上的疲憊感，使大腦出現抗拒反應，因此很容易從記憶中遺忘。再加上知識在結構上無法看一眼就能了解，也無法給予大腦創意性的刺激。最後失去對自己智能的自信心，並喪失學習熱情。

相反的，如果運用心智圖，就能一眼掌握中心和核心內容，並了解整體結構，自然能提高記憶力。以下是利用心智圖整理的內容。

如何？利用心智圖加以結構化之後，便能了解稱為青少年的特性的核心主題，將智力特性和非智力特性區分之後，就能明確掌握內容。人類大腦的思考走向是從中心以放射狀向四方展開，或由四方往中心統整的放射結構。心智圖就是順應這種人類大腦的自然現象—**放射思考**（Radiant Thinking）。很早就懂得開發並活用大腦的達文西曾說：「不要忘記所有事物彼此息息相關的事實。」而心智圖可以說是最能夠呼應這番話的理論。

不僅存在人類思考中，也能在人體和大自然中發現改射結構。思考並不是以直線型和並列型，而是以放射狀衍生。就像樹枝向四方呈放射狀生長出來一樣，我們的想法也是如此，並且順著這種自然衍生的想法走向來儲存記憶。基於這種基礎，東尼‧博贊因而開發出心智圖。

繪製心智圖的方法

現在開始說明繪製心智圖的方法。心智圖只需要簡單的物品和規則，任何人都可以輕鬆繪製。

（1）心智圖的準備：3種物品

心智圖需要3種物品，你的想法、白紙和3種顏色的筆。

（2）開始繪製心智圖：紙的方向（橫向非直向）

你是否將紙張直向擺放準備畫心智圖？還是橫向擺放？答案是橫向擺放，原因是放射狀的思考方式。前面已經說明過，放射狀思考是和直線型思考相反的概念，指的是由中心往外發散的思考方式，能夠均衡使用我們的左腦和右腦。

（3）繪製心智圖：

1.中心主題、2.首要主題、3.次要主題

繪製心智圖時，從中心主題開始，環環相扣不斷分出樹枝。樹枝按照順時鐘方向繪製即可，樹枝愈靠近中心愈粗，離中心愈遠則愈細。利用3種顏色的筆，畫出不同的樹枝，視覺上容易分辨，也能幫助長久記憶。

1. 中心主題

　　心智圖需要從中心主題展開，中心主題是作為地圖主題的想法。請在紙張中央處寫下約50元硬幣大小的核心概念或核心單字。試著繪製最基本的例子「自我介紹」心智圖。

自我介紹

2. 首要主題

　　接著思考首要主題。首要主題是能夠分類中心主題的核心關鍵字。這裡需要思考出能區分「自我介紹」的核心關鍵字是什麼。自我介紹中的核心關鍵字包括「興趣」、「專長」、「喜歡的音樂」等。

專長

喜歡的音樂

興趣

自我介紹

3. 次要主題

接著進入次要主題。次要主題是指有關首要主題的詳細內容。試著接連寫出環環相扣的關鍵字或概念。

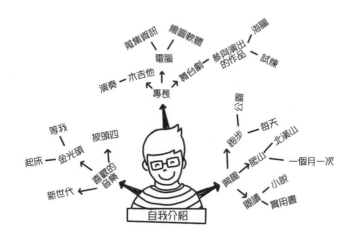

4. 運用問題圖

繪製出心智圖之後，卻覺得仍然無法整理想法嗎？那麼請參考129頁，試著運用問題圖來進行思考。

心智圖的效果和限制

　　繪製心智圖的過程中需要運用手和眼睛，頂葉和枕葉會變得活躍，而心智圖完成時，會導向儲存至長期記憶區，因此會使用掌管記憶力的顳葉。在結構化的整理過程中，也會使枕葉更加發達。因此心智圖是能夠使用整體大腦的最佳左右腦訓練方法。

　　但是心智圖也有幾種限制。首先是用手繪製的心智圖難以進行修正、移動和刪除等編輯動作。我們的想法時時刻刻在變化和轉移，而一次繪成的心智圖卻難以修正。再加上想法會無限制地擴大，而能夠繪製心智圖的紙張有其界限。為了克服這個問題，於是有人開發出了數位心智圖。

數位心智圖

數位心智圖是用網頁、電腦和手機等數位產品繪製出來。數位心智圖的優點是能夠利用電腦整理想法，因而可以縮短時間，同時又能自由進行修正和刪除等編輯動作。除此之外，能輕鬆在辦公室作業系統間切換，具有共享的優點。數位心智圖有以下各種軟體，可以找出適合自己的程式來使用。

類型	程式（軟體）
網頁	OKmind、Mindomo、Mind Meister、Mind Manager、Mind 42
電腦軟體	Almind、XMind、Think Wise（MindMapper）、FreeMind、Concept Map、Concept Leader
手機	iThoughtsHD、I Mind Map, MindNode、Tingking Sapce, Mind Map Memo、Think Wise

數位心智圖是處理龐大資訊、歸納整理的有效想法整理工具。比爾蓋茲在《擁抱未來》一書中提到：「未來數位心智圖等人工智慧軟體能夠將單純的資訊轉化成為有用的知識。」數位心智圖的詳細介紹和使用方法在本書的附錄會進一步說明。

04 工具④3的邏輯樹

　　接下來要介紹能同步提升思考、整理和表達能力的方法
——「3的邏輯樹」。3的邏輯樹簡單來說，是將「某個主題歸
納並整理成3個部分」。

　　麥肯錫顧問公司最著名的問題解決技巧「邏輯樹」和這裡
介紹的「3的邏輯樹」有些不同。就像樹木長出樹枝，兩者都
是將想法分支進行統整的方法，但「3的邏輯樹」並不是著重*
MECE的思考方式，而是運用數字「3」的力量，將重點集中
在簡明統整想法的方法並加以說明。

　　說明簡單整理複雜想法的方法是本章的目標。現在就來了
解數字3所蘊藏的秘密，並且運用「3的邏輯樹」，掌握整理想
法的方法吧！

---

* MECE是邏輯樹的基本思考方式（Mutually Exclusive Collectively Exhaustive），
指的是不重複、毫無遺漏地加以分類。

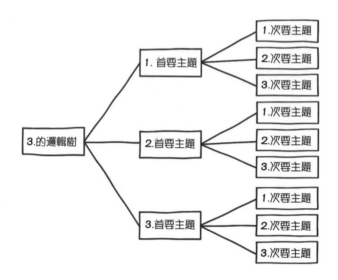

📑 數字3隱藏的秘密

我們每天的生活中都會接觸數字，其中最常使用的數字是3。人生分成過去、現在、未來，一天分成上午、下午、晚上。遊戲時玩剪刀、石頭、布，比賽時三局定勝負。運動獎牌分成金牌、銀牌、銅牌，甚至在以前的俗語中也不難發現數字3的蹤跡。

「珠玉三斗，串成為寶。」（玉不琢不成器）

「三歲習慣，八十不改。」（本性難移）

「堂狗三年吟風月。」（耳熟能詳）

數字3不論在東西方都代表完美的最小單位。3具有完整的價值，也經常出現在聖經和神話當中。檀君神話中的桓因、桓雄、檀君三位人物是創國始祖。天神桓因為了將庶子桓雄派往人間，選定三危、太白兩地，並賜下三個天符印作為神仙的標識。西方也把數字3視為完整的象徵，即象徵善的數字1和象徵惡的數字2相加而成，並認為3是更神聖的數字。羅馬時代的三頭政治，基督教的聖父、聖子、聖靈，佛教的三寶佛等，數字3遠從古代就是我們生活中象徵完整的數字。

　　心理學中也有數字3。史丹佛大學的心理學教授菲利普·津巴多（Philip George Zimbardo）曾說：「三個人聚集起來就形成群體的概念，並且行動合一。」

　　EBS電視台的〈Docuprime〉節目曾經做過一個實驗，發現了「3的法則」。人來人往的斑馬線突然有一名男子停下腳步，用手指著天空，行人們顯得毫不關心。這次換兩個人停下腳步，用手指著天空，行人們也只是盯著他們看，沒有引起太大關注。令人驚訝的是，當三個人停下腳步，一起用手指向天空時，路過的行人們有80%都一起跟著望向天空。

　　EBS的實驗結果代表什麼呢？那就是3的法則在我們生活中具有改變狀況的力量。一兩個人所引起的群眾反應相差無幾，但三人引起認同的比例便急速增加。如果有意義的變化是「我」和「認同我的兩人」，那麼就能引發扭轉狀況的變化。

「**Yes, we, can！**（是的，我們，做得到！）」

「**Change, change, change！**（改變！改變！一定要改變！）」

這是美國總統歐巴馬在選舉前的競選口號。歐巴馬非常瞭解數字3的表達方法，他所創造的標語雖然只有短短三個字，但每個單字都充滿積極和正面的能量。

觀賞影片

「想要引起人們認同，需要幾個人一起行動？」
3的法則（韓文影片）

然而如果不是三個字，而是使用兩個字呢？「We, can！」既沒有律動感，又覺得缺少了什麼對吧？那如果增加單字呢？「Change, Change. Change, Change. Change」很明顯的，無法讓人們印象深刻。歐巴馬喊出三個單字作為口號，在選民們之間迅速傳開，也獲得了廣大的支持。

就像這樣，數字3在演講、演說和溝通時，具有撼動人心的力量。數字3能夠創造深具影響力的口號，運用序論、本

論、結論來構成邏輯。整理出3項要點時，就能以邏輯性將想法傳達給對方，並使人留下深刻且長遠的記憶。

「今天，我只說三個故事。不談大道理，三個故事就好。」

蘋果公司創辦人史提夫‧賈伯斯曾經在演講中提到3的秘密。他在2005年對史丹佛大學畢業生的演講內容中談到人生的三個故事，為許許多多畢業生帶來希望和勇氣。

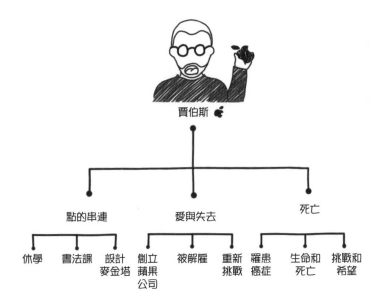

第一個故事是關於人生中的點點滴滴怎麼串連在一起。賈伯斯從里德學院休學，開始上書法課。十年之後設計第一台麥金塔時，將所學的東西都設計進了麥金塔裡，這三件事情串聯出第一項訊息。

第二個故事有關愛與失去。包括賈伯斯在爸媽的車庫裡開始了蘋果電腦的事業，卻被自己創辦的公司炒了魷魚，以及決定重新挑戰的三個契機。

第三個故事是關於死亡。賈伯斯被診斷出罹患癌症，對於生命和死亡的重新檢視，以及向畢業生們傳達挑戰和希望的訊息，同樣也是包含了三個元素。

已經離開人世的賈伯斯，他的故事至今仍讓人記憶猶新的原因是什麼呢？就是因為使用了3的力量。絕大多數的偉大演說都是由3個部分所組成，因為這是最穩定又最容易記憶的完美結構。

為什麼是3的法則？

第一，數字3具有「完成」之意。拉丁名言中有「用3組成的所有一切都代表完美」的說法。萬物當中用3組成的東西不計其數。宇宙的結構包括時間、空間、物質，樹木也是由樹根、樹幹、樹枝三種元素所組成。光線的三原色是紅、綠、藍，顏色的三原色是紅、藍、黃，物體的型態也分為固體、液體、氣體三類。

第二，強調數字3時會產生影響力。因此偉大的演說家們經常使用3的法則。亞伯拉罕・林肯在蓋茲堡演說中主張「人

民所擁有的、被人民所選出的、為人民而服務的政治」，連續強調三次「人民」，演說內容因此更加完整，並深具影響力，最後成為傳世的知名演說。

第三，數字3最具「穩定性」和幫助「記憶」。如果以兩項證據作為說明，會讓人感覺不夠完備，而如果提出五項說明，又覺得太過複雜，不容易記憶。而三項說明會使人感覺穩定，並且能夠留下深刻印象。

本書書名《整理想法的技術》也運用了3的法則。原本整理想法技術在我的部落格的標題是「聰明整理複雜想法的技術」，雖然包含主題的核心，但字數過長，不容易記憶。「能一次掌握內容核心，又能留下深刻記憶的三個單字是什麼？」苦思過後我腦中閃過這個方法。

把整理想法的技術中拿掉「的」這個字，用三個單字組成「整理想法技術」，雖然簡單卻蘊含核心，加上字數簡短，很容易記憶。而其中「理」、「法」、「術」三個字，韓文嘴型剛好是嘴角上揚，有如微笑一般。那麼每次讀到書名時，就會產生正面想法。除了整理想法技術之外，我也發表了整理想法演說、整理讀書技術、整理企畫技術等內容。

整理
想法
技術

腦中思緒變得複雜時，謹記3的邏輯樹！

需要整理想法時，謹記3的數字，並試著運用邏輯樹來繪圖。當人們面臨困難又複雜的事情時，會想得更多，變得更煩惱。因此雖然知道要尋找解決方法，但想法愈繁複，只會讓問題變得愈複雜，這時不如單純思考才是上策。

數字3能夠幫助整理糾結的思緒。所謂3的邏輯樹是指What tree、Why tree、How tree。按照What → Why → How的順序整理想法時，能夠掌握問題的組成要素，分析問題的成因，並且幫助尋找解決之道。那麼來看看該如何運用3的邏輯樹，並應用在實際生活當中吧。

（1）What tree ──「是什麼？」來分解構成要素吧

意思是提出「是什麼？」的疑問，即具體思考的方法。掌握結構的過程中，能夠使問題本身更加具體化。針對「是什麼？」的疑問，掌握三項結構，接著進一步思考出三種詳細的構成要素。

例如以「我的煩惱」作為主題，試著製作What tree。首先列出三項煩惱，再具體寫下煩惱的詳細內容。

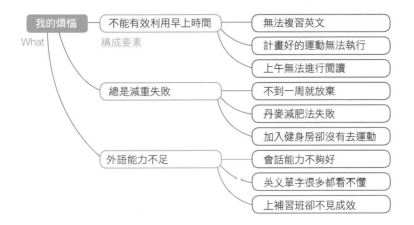

（2）Why tree ——「為什麼？」思考原因和理由

　　提出「為什麼？」的問題，尋找根本原因的方法。提出問題的過程中，能夠找到原本認為漫無邊際的問題所潛藏的根本原因。針對問題思考出三種原因，接著進一步寫下三種詳細原因。

　　試著思考上述的煩惱之一「早上時間無法有效利用的三種原因」。接著針對三種原因再寫出三種具體理由。

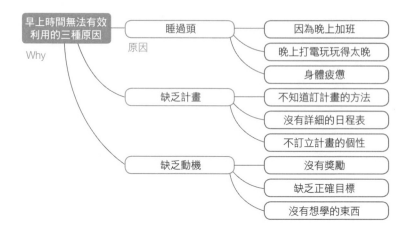

（3）How tree ──「怎麼做？」

提出「怎麼做？」的疑問，尋找解決問題的方法。尋找解決之道的過程中，能夠獲得好點子。針對「怎麼做？」的疑問，將需要思考的內容整理出三種解決方法，接著進一步思考三種詳細解決方案。

針對前面所提到的如何有效利用早上時間，試著思考出三種解決方法。接著再整理出三種詳細方法。

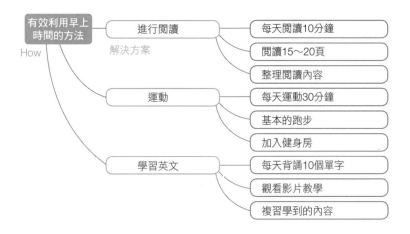

📧 吸引面試主考官的自我介紹技巧

除了大學甄試之外，應徵公司時也需要自我介紹，其重要性不言而喻。然而如何才能有效進行自我介紹呢？如果自我介紹時能說出三種自身的優勢，就能讓對方留下正面印象和記憶。來了解自我介紹的三種方法，以及整理想法技巧學院會員的實際例子吧！

（1）思考三個核心關鍵字

想要在限定的時間內傳達想法時，需要掌握核心關鍵字。先歸納出三項自身優勢，並且只說出核心內容。

（2）說話把握簡明扼要

　　說話時如果不斷重複相同內容，不只會讓聽者厭煩，也很容易被視為語無倫次的人。自我介紹時必須簡明扼要。

（3）言談中加上數字

　　面試時的談話如果加上數字，就會使人感覺富有邏輯性。首先說出大範圍「我有三項優點」，之後加上「第一、第二、第三」來表達。

　　自我介紹範例＿＿整理想法技術學院第一期會員　元朱英

　　您好，我是希望應徵貴公司，懷有遠大夢想和滿腔熱情的應徵者元朱英。我具有三項競爭力。

　　第一、我有豐富的公關和行銷經驗。在需要和國內外廠商溝通應對的領域中，我相信我極具優勢。我在擔任行銷MD時，和商品琳瑯滿目的國內合作廠商進行過無數次的會議，因而學到了有效的工作處理方式和傳達技巧。

　　第二、我時時刻刻追求卓越。我不錯過任何小事，總是努力期望成為公司需要的人才。我在擔任MD的新人時期，每天都提早一小時到公司，並且每天寫下工作日誌，希望自己能夠更仔細處理工作。除此之外，我也為客戶量

身打造行銷策略，藉此成功提高品牌知名度並提高銷售量。

　　第三、我的適應力強，對事物保持正面態度，因此我的身邊經常充滿歡笑聲。我的信念是「有好事就一起分享歡笑」，因此我的團隊氣氛相當融洽，也提高了團隊的工作效率。我也被同事們選為「今日最佳微笑」，獲得眾人肯定。我曾經針對新的促銷活動方案發想創意，並成功提高銷售利潤。這使我深感榮耀，更成為部門中其他同事們的模範。

　　正如「愚公移山」的故事，對小事竭盡全力，並視為完成遠大的夢想，我期許自己能成為堅持不懈、穩定、腳踏實地努力並獲致成長的真正職場人。感謝您。

公司內部Email寫作技巧

　　電子郵件在職場生活中是最常被使用的溝通工具。為了達到圓融的溝通，必須歸納出商用書信的核心。來看看以下的例子，在修正之前列出郵件內容，修正之後則分成三項要點，並分別對內容作整理。

（1）修正前郵件：

【主旨】FFT出差請求

你好，金鎮宇次長，我是總公司家電外銷部的朴秀哲課長。

上個月次長來到總公司時，我向你提到了World IT Expo FFT的活動，為了解市場趨勢和尋找新合作廠商，這次我將會同本公司核心夥伴A-Tech的金宇彬組長一起前往。想必你公務繁忙，但是活動行程即將到來，在此向你提出出差請求，實在深感抱歉。最重要的是，活動期間附近的住宿有可能一位難求。3/23～25期間預定S飯店共三晚的住宿，以及A-tech同行者的事前車輛支援部分需要再麻煩你進行。而3月23日到3月24日Expo活動結束之後，為了解上個分季購買10萬台CXT-3的PJH銷售現況並獲取VOC，3月25日下午需要安排會議，希望你確定之後能夠盡快回覆。

附註：崔民修主任的預計行程是3/22出發，3/26返國，煩請預定ICN→FFT國際線機票。

感謝你。

朴秀哲　課長

像這樣內容冗長的信件，對收信人來說需要花很多時間整理核心內容。一封好的郵件不是讀完之後能否理解，而是能夠立刻執行。為了讓對方一目瞭然，信件的開頭就要加上核心內容，並且整理出三項要點來說明。以項目做區分，就能容易了解整體內容。以下是運用3的邏輯樹整理出的郵件內容。

（2）修正後郵件：

【主旨】FFT出差請求

　　你好，金鎮宇次長，我是總公司家電外銷部的朴秀哲課長。想必你公務繁忙，但由於今日臨時決定了FFT出差一事，很抱歉需要急切和你聯絡。出差的詳細內容有三項要點，提供你參考。

1、出差原因
　　（1）今日和本公司核心夥伴A-tech的CTO崔宇鎮常務
　　　　 開月會時，以ICT領域的新事業開發作為目標，提
　　　　 議前往參加FFT舉行的World IT Expo活動。
　　（2）總公司海外事業部的鄭雨賢本部長為了和A-Tech
　　　　 達到事業綜效，決定出差一事。

2、出差概要

（1）日程（未確定）：3/22（一）～3/26（五）

　　※出國／返國機票確認之後將告知詳細日程

（2）出差人員

　　—金字彬　組長：本公司核心夥伴A-Tech組長

　　—朴秀哲　課長

3、要求事項

（1）預定飯店—S飯店 3/22～3/25（四晚）

　　※活動期間附近的住宿可能一位難求，須盡速預訂

（2）車輛支援—本公司核心夥伴整體行程的車輛支援

（3）口譯支援—參觀Expo時需要口譯人員隨行

感謝你。

朴秀哲　敬上

目前我們已經學到幫助整理複雜想法的四種工具，也是整理想法時最重要的習慣，包括曼陀羅圖、心智圖、數位心智圖和3的邏輯樹。希望你能夠根據情況和目的經常使用適合的工具，讓它們成為真正屬於自己的工具。

第四章

讓單純想法
成為點子的方法

企畫的 想法整理	企畫和 計畫	需要和 想要
解決 問題	**第四章 企畫**	腦力 激盪法
腦力 傳寫法	問題圖	一頁 企畫書

01　構思來自於想法整理

☑ 等明天想好了再說？

　　早上10點30分開始進行會議，毫無進展的會議時間只會讓人感到厭倦。大家彼此呆望，沒人能提出積極的意見。此外當兩人意見不一致時，便拉高嗓門堅持己見。最後會議室裡的氣氛凝結，輪到原本沉默不語的你發言。腦中雖然充滿許多繁雜的思緒，但沒有可用之處。所有的人都盯著你看，冷汗直流的你，臉頰變得通紅。你不知道該從哪裡說起，顯得一臉茫然，靜默不語，恨不得挖個地洞鑽進去。你感覺到人們冷漠的眼神，於是語無倫次地想到什麼就說什麼，不出所料地，人們的反應十分冷淡。

所謂的企畫是整理想法的活動

首先必須了解企畫的概念。如果不知道概念，就會成為缺乏概念的人。相反的，如果正確掌握概念，就不難找到方法。

公司裡強調企畫的原因是什麼呢？透過企畫能解決眾多問題，並創造更好的企畫。所謂的企業顧名思義，就是企畫的行業。因此公司會進行無數的企畫，行銷企畫、宣傳企畫、教育企畫、活動企畫、簡報企畫等，居然有這麼多種企畫…，那麼到底什麼是企畫呢？當我問聽眾們「你覺得企畫是什麼？」時，得到了各式各樣的回答。

「大型圖表、策略思考、解決問題、創意…」

雖然答案沒有錯，卻不明確。通常表達概念時，按照字面上的意思解釋即可。在漢字數千年的歷史中，根據象形和組合的原理，將世上理致歸納其中，創造出令人讚嘆的文字。那麼就來解釋企畫的含意吧！

企畫（劃）＝企望的企＋繪畫（劃）的畫
企望的企＝人＋止
繪畫（劃）的劃＝畫＋刀

＊（）內為韓國漢字。

　　企畫（劃）是由企望的企和繪畫（劃）的劃組合而成。而這裡指的畫出企望是什麼意思呢？相信你對這個單字應該不太理解。來看看企望的企和繪畫的劃真正的含意吧！

　　企望的企字中包括人和止。一個人走著走著卻停下腳步的原因是什麼呢？如果把企和「企望」的意思串聯起來，就代表出現期盼和希望的想法。也就是說，企字中蘊含「想法」之意。

　　再來看看**繪畫**（劃）的劃。繪畫的劃字是由畫和刀組成，為什麼和繪畫有關呢？這是將我們的想法比喻成繪畫，也就是「試著在腦中想像一幅畫」的意思就是「試著思考看看」，因此繪畫就代表想法。那麼為什麼在畫的旁邊加上刀字呢？即使在腦中勾勒出大圖，也無法使用全部的想法。刀的作用就是將多餘的想法剃除。而企畫（劃）者的刀是什麼呢？那就是問題。提出問題扮演了整理想法的角色。也就是說，繪畫的劃蘊含「**整理**」之意。歸納來說，企畫就是將期盼和希望的想法加以整理的活動，**因此「企畫」就是「整理想法」。**

　　　　「企畫是將期盼和希望的想法加以整理的活動。」

企畫和計畫的差異

(1) 企畫和計畫

　　企畫和計畫明顯不同，但許多人們分不清兩者的差異。想要擁有完善的企畫，必須了解這兩者的意義。「企畫」和「計畫」的共同點是都含有畫這個字，為什麼呢？如果從結論說起，「企畫」是大方向圖，「計畫」是細部圖。企畫是涵蓋整體（What）的想法，計畫是如何（How）執行的細部想法。以建築做比喻的話，企畫是設計圖，計畫是行程表。企畫和計畫的概念整理如下。

區分	共同點	差異處	六何原則	比喻
企畫	繪畫	大方向圖	What	設計圖
計畫		細部圖	How	行程表

(2) 文案四大天王

　　職場中最常使用的報告書大致分為四種，《企畫大師》的作者允英敦稱為「文案四大天王」，包括企畫書、計畫書、報告書和提案書。這四種文案乍看之下很類似，但其實有明顯的差異。如果不能確實掌握概念，工作時就會不斷產生混淆。

企畫書 ―要做什麼？ （例）建築設計圖	計畫書 ―要怎麼做？ （例）建築行程表
提案書 ―要提議什麼？ （例）樣板屋	報告書 ―目前的進展情況？ （例）簡報圖表

「企畫書」是指即將進行的事情，以建築比喻的話，如同建築設計圖。「計畫書」是如何進行的內容，如同建築行程表。「提案書」是指要提議的事項，就像樣板屋一樣代表說服的工具，而「報告書」就像說明目前進展情況的圖表。如果能充分了解這四種文案形式，工作時就能避免犯下失誤。

分析需要和想要是企畫的第一步

想要完善的企畫，必須知道需要和想要的含意。分析需要和想要是企畫的第一步。需要和想要的差異是什麼呢？雖然不是多困難的單字，但比較起來很容易混淆。「需要」顧名思義，意思是目前的必要性，而「想要」是指未來的潛在性。優

秀企畫者在了解目前的必要性之後，再掌握未來的潛在性。舉例來說，假設同行的朋友突然感到口渴，察覺出朋友口渴的情況是掌握需要。而當對方想要喝冰涼的汽水，卻拿水給他的話，就是掌握需要而無法掌握想要。

區分	方向	好的企畫者條件
需要（Need）	目前必要性	察覺目前情況和必要性
想要（Want）	未來潛在性	預測未來情況並掌握潛在性

「大部分的人在看到之前，都不知道自己想要什麼。」

賈伯斯將電話、MP3和網路這三種各自獨立的技術結合起來，發明了iPhone。在這項偉大的創新推出之前，人們完全無法想像iPhone，只是覺得很需要這些技術。iPhone一推出就引起熱潮，人們為了買到它甘願連夜排隊等候。這些人異口同聲地說：

「這就是我需要的！」

賈伯斯的發明之所以偉大，原因就在於成功預測出人們一直以來所需要的和想要的東西。因此，徹底分析需要和想要的企畫，可以說就是好的企畫。來看看分析需要和想要的成功例子。

（1）孩子們洗手的理由

南非有一個村莊，村莊最大的問題是孩子們不洗手。手上的細菌導致孩子們罹患疾病，甚至死亡。非營利機構「Blikkiesdorp 4 Hope」的企畫者們開始思考需要和想要。

> 「洗手很重要，但孩子們喜歡的是什麼？」

那就是玩具。他們想到一個方法，把孩子們喜歡的玩具藏在肥皂中，孩子們為了得到玩具而願意洗手，最後染病率減少了70%。這就是正確分析需要和想要的例子。

（2）電梯速度加快的秘訣

有一間公寓的電梯速度相當緩慢，造成生活不便，居民們為此抱怨連連。

> 「如何能讓電梯速度加快呢？」

有人提出汰換電梯的意見，但成本高昂，而且一旦施工便無法使用電梯，反而會造成更多不便。其中一位懂得企畫的人這樣思考。

「人們真正想要的是什麼呢？是加快速度。一定要是物理性速度嗎？」

最後他想到了一個好方法，那就是在電梯裡加裝鏡子。這樣一來，居民們不會集中注意力在電梯的緩慢速度，而是照著鏡子等待時間過去，結果沒有花大錢就解決了問題。這是正確分析需要，並且找到真正想要的結果。

（3）鼓勵正確丟垃圾的方法

有一個街上到處都是垃圾的城市，即使設置了垃圾桶，人們還是隨手亂丟垃圾。該如何解決這個問題呢？運動品牌耐吉公司想到一個可以宣傳品牌又可以解決問題的方法，他們在垃圾桶掛上印有耐吉標誌的籃球架，讓丟垃圾變成有趣的「遊戲」，激勵人們正確丟垃圾。結果很輕鬆地解決了城市髒亂的問題。就像這樣，好的企畫必須掌握需要和想要。正確分析對方想要擁有的需求，就能發現需要。

　　歸納一下企畫所需的重要關鍵。一旦了解企畫和計畫、文案的四大天王（企畫書、計畫書、提案書、報告書）、需要和想要的差異之後，現在就開始進入如何企畫的具體過程。

O2 企畫的核心是解決問題

　　從結論來看，**企畫的核心是解決問題的過程**。《企畫的兩種形式》作者南忠植認為所有企畫的本質皆為「解決問題」，P（problem，問題）就是S（solution，解決），這就是企畫的本質。在需要企畫的情況中，掌握問題並分析現況就是企畫的起步。來看看企畫的過程。

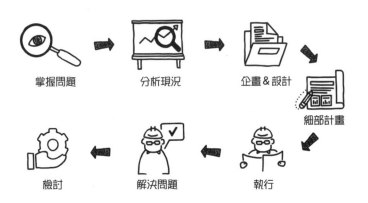

掌握問題　　分析現況　　企畫&設計

細部計畫

檢討　　解決問題　　執行

階段1）掌握問題

如果由你來企畫，首先需要掌握的是「必須解決的問題是什麼」。問題愈明確，企畫就會愈敏銳。

例如，你下定決心要減重。那麼在掌握問題的階段中，必須思考需要減重的理由。不妨將問題清楚列出來，從核心著手。

「短短一個月內體重暴增了10kg。」

階段2）分析現況

接下來是分析為什麼會發生這樣的問題。重要的是需要從多角度來分析問題，也需要收集各種資料，以利解決問題或發掘原因。假設一個月內體重暴增了10kg，首先必須針對體重增加的原因進行現況分析。原因分析愈具體，就愈能找到明確的解決方法。試著運用3的邏輯樹來分析看看吧！

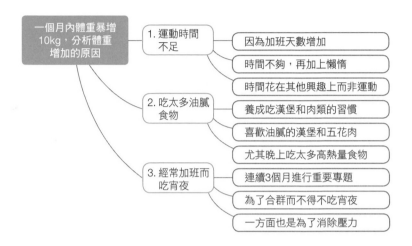

階段3）企畫設計

　　掌握問題並分析現況之後，接著是企畫設計的階段。企畫設計階段中，將設定目標和解決問題的方法加以具體化。假設訂下「三個月內瘦10kg」的目標。

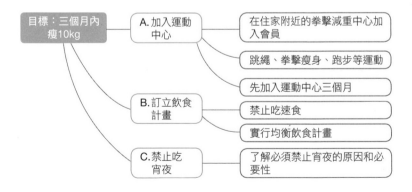

減重10kg企畫書

主旨	減重10kg企畫書
背景	經常加班導致運動時間不足，加上不均衡飲食造成一個月內體重增加10kg
目的	希望三個月內體重減少10kg
目標	三個月內加入運動中心開始運動，並且諮詢專家，訂出均衡飲食菜單，執行12周之後成功瘦下10kg

	區分	週次	詳細內容	目標值
計畫	第一個月	第一週	1. 加入運動中心 2. 諮詢專家 3. 均衡飲食菜單和實行 4. 禁止宵夜 5. 每周運動四次以上 6. 閱讀減重書籍 7. 以成功例子自我激勵	−3kg
		第二週		
		第三週		
		第四週		
	第二個月	第五週		−4kg
		第六週		
		第七週		
		第八週		
	第三個月	第九週		−3kg
		第十週		
		第十一週		
		第十二週		

階段4）細部計畫

在企畫過程中勾勒出大方向圖之後，現在開始針對時間、地點、人，以及如何進行來訂立細部計畫。等訂好細部計畫之後，製作一頁企畫書作為企畫的設計圖，並進行檢討。

階段5）執行

以企畫書為範本，執行內容。將腦中構思的想法付諸實踐，最後解決問題並達成目標。必須持續檢討，不斷修正錯誤的方向。不妨製作有助於執行的檢討清單。

次數	日程	運動時間	體重（kg）	檢討
第一次	1／10	19:30—21:40	65.2kg	○
第二次	1／12	19:30—21:30	65.2kg	○
第三次	1／13	19:30—21:40	65.1kg	×
第四次	1／14	19:30—21:50	65.1kg	○
第五次	1／16	19:30—21:40	64.9kg	○
第六次	1／18	19:30—21:40	64.7kg	○
第七次	1／19	19:30—21:50	64.7kg	×
第八次	1／20	19:30—21:40	64.6kg	○
第九次	1／21	19:30—21:20	64.4kg	○
第十次	1／22	19:30—21:40	64.2kg	○

階段6）解決問題（達成目標）

　　解決問題意即達成目標。如果你透過自己所規劃的策略和方法，三個月內成功減重10kg，那就代表企畫成功，也等於解決了問題。當然很有可能企畫不如我們所想的那麼順利。達成目標的過程中，會遭遇許許多多障礙和困難。這時為了達成目標，必須擬定其他策略。直到實現企畫的目標之前，請不要停下想法和行動。

　　　　「三個月拳擊瘦身，成功減重10kg！」

階段7）檢討

　　在企畫的過程中必須不斷且持續檢討企畫是否順利進行，當企畫完成時，記錄下成功要素和感到辛苦的部分，能夠幫助日後回想。

分析三個月減重10kg的成功因素和辛苦之處	
成功要素	—加入拳擊減重中心成為會員，以及和專家諮詢。 —禁止宵夜和速食。 —訂立均衡飲食計畫並實行。
障礙要素	—聚餐時面臨種種誘惑，但拜託同事並獲得幫助，因此得以順利克服。 —由於基本體力不足，拳擊減重進入第三周時感到辛苦，但撐過之後就進行得很順利。 —努力減少臨時加班的情況。

到這裡，相信你應該瞭解所謂的企畫是什麼，以及該如何進行的過程了。下一章節將針對企畫設計階段中，發想創意的方法和工具進行說明。

腦中想法並非全都是創意。創意是指想法當中具有差異化的想法，也就是有用處的想法。具創造性的點子和概念是發展出具差異化企畫的重要因素。

那麼，能夠將單純想法轉換成點子的方法是什麼呢？以及創意如何具體化？現在就來介紹發想創意的工具。

O3　工具⑤腦力激盪法

發想創意時最經常使用的工具是腦力激盪法。腦力激盪法
（Brainstorming）帶有創意引起風暴的意思。

腦力激盪法是誰發明的？

「如何才能想出好點子呢？」

1941年美國廣告公司BBDO的副創辦人亞歷山大‧奧斯本
（Alexander Osborn）陷入苦思；因為他在製作新廣告時，想不
出來能夠吸引客戶的革命性點子。他把撰稿人、設計師和業務
主管都叫進辦公室開會。當時廣告業界採取的是獨立作業體
制，像這樣把負責不同工作的人們聚集在一起可說相當少見。

　　為了發想廣告創意，奧斯本採用自己的開會方式，讓公司

所有部門的人們參與會議，在自由的氣氛之下，效果遠超過預期。在天馬行空的發想創意過程中，開發組和不甚來往的業務組一起想出了好點子。彼此不同部門的人們聚集在一處，因而激盪出新觀點。創意又加上更多創意，不斷延伸擴大。奧斯本透過這種開會方式獲得了成效，之後將所有會議都改成這種形式。這種會議方式就是「腦力激盪法」。

接下來就來了解腦力激盪法的四大原則，以及能夠運用在會議中的具體方法。

腦力激盪法的四大原則

自由氣氛　　　　量重於質　　　　禁止批評　　結合改善成為新點子

（1）維持自由的氣氛

必須避免強制規定，讓人們在自由穿著和氣氛當中發想創意。不樹立權威，避免扼殺創意，也不過度堅持自己的想法。

仲裁者必須扮演好引導的角色，自由的氣氛中才會誕生創意。

（2）量重於質

必須謹記，許許多多的創意中會衍生好的點子。因此不要判斷創意是好是壞，重要的是先發想出大量創意。即使出現毫無相關的內容，也當作是與眾不同的觀點，必須秉持包容和接納的心態。

（3）避免批評

腦力激盪法絕對避免批評。必須謹記「沒有『可是』，只有『再來是』」。一旦開始批評和嘲弄，就會讓提出點子的人感到畏縮，無法好好表達，也會造成腦力激盪法失去效果。

（4）透過結合和改善，激盪出新點子

將眾多想法列出來，找出其中的關鍵字，加以結合或改善之後成為新點子。如果在眾多想法中發現如同寶石般的珍貴創意，即使不是已經具體化的好創意，也能透過結合的過程激盪出全新的點子。

✎ 腦力激盪法的組成人員

腦力激盪法以能夠組成會議的6～12名人員最為適合。

（1）會議主持人

會議主持人必須是相當熟知腦力激盪法的四大原則和會議成效的人。相較於堅持個人主張，必須懂得重視並傾聽發表人的意見，以及扮演引導自由討論的角色。必須能使所有參與者公平發言，並且擁有仲裁能力。

（2）發表內容記錄人

腦力激盪法是透過對話的方式發展，因此需要將發表內容記錄下來的人。記錄人必須能記下發言者的意見要點，加以整理並記錄，同時避免以自己的角度去分析或加入意見。

（3）創意發表人

當6～12名人員聚集起來自由發表意見時，如果無法跳脫既有的框架，最好能加入新成員。因為新成員的參與能夠衍生新的想法。發表意見的人們必須都是熟知腦力激盪法的人，而發想創意的過程中，上司必須避免樹立權威。

腦力激盪法的進行階段

（1）定向指導

選定主題和收集資訊的階段。需要解決的問題、必須達成的目標、方法和解決方針等具體主題決定好之後，再具體訂出個別的創意目標值。舉例來說，10分鐘內自由想出50個點子，具體訂出目標。

（2）個別發想階段

正式進行腦力激盪法之前，整理個人創意的時間。在團體共同聚集的情況下，個自天馬行空地發想。訂出時間，在一定的時間內自由將想法寫在紙上，或利用數位工具進行整理。

（3）團體討論階段

想法整理完成之後，進入團體討論階段。只傾聽他人的點子，不發表自己的意見，也不加油添醋。而上司也必須避免擺架子或主張自己的意見。將內容分類之後，找出關鍵字彼此整合，形成具體點子。

（4）評估階段

團體討論結束時，等待一段時間之後再進行評估，能夠更加客觀。腦力激盪法所收集的資訊不全是好的內容，因此最好能諮詢上司或前輩們的意見，並針對內容作檢討。

▣ 腦力激盪法的整理方法

（1）繪製曼陀羅圖

運用腦力激盪法時，以心智圖型態的放射狀結構來整理想法，並用環環相扣的方式延伸想法。畫出類似心智圖的樹枝，不需拘泥心智圖規則，可以運用聯想技巧自由延伸內容。

（2）使用便利貼

運用腦力激盪法時，使用便利貼是很好的方法。便利貼的特點是容易貼附和撕除。用筆在紙上記下點子不容易修正，但便利貼可以克服這個問題，是很有用的工具。

（3）心智圖＋便利貼

　　畫出像心智圖的軸心，並畫出分支，將內容寫在便利貼後貼上。在便利貼寫下核心關鍵字，像果樹結果一般貼在心智圖的分支。這是結合有助於系統化思考的心智圖，以及便利貼的撕除方便優點的整理方法。

（4）數位心智圖

　　雖然數位心智圖的條件是必須有數位工具（電腦、智慧型手機），但能夠自由移動、刪除、修正、合併點子，因此是一種有效的工具。尤其主持人在腦力激盪法的進行過程中使用時，可以很輕鬆地整理各式各樣的創意。

04 工具⑥腦力傳寫法

　　腦力傳寫法（Brain Writing）是1968年德國的魯爾巳巴赫（Bernd Rohrbach）教授所創立，目的是針對腦力激盪法的問題進行補強。腦力傳寫法是用文字取代口述，因此也稱作「沉默的腦力激盪法」。

為什麼需要腦力傳寫法？

　　腦力激盪法是藉由天馬行空的討論過程，激盪出大量創意，並從中找尋出色點子的會議技巧。然而一些心理學家們對於腦力激盪法的實際效果產生質疑。

　　「參與成員們腦中忙著整理主導者們的眾多意見而應接不暇，無法專心提出自己的想法。」

凱洛格商學院教授針對學校和機構所做的5,700個腦力激盪法進行研究，結果發現上司或1～2名成員的意見占了整體對話的60～75%。保羅・包勒斯（Paul Paulus）教授認為：「聆聽上司的意見或持強烈主張者的過程中，會遺忘自己原本的觀點，或不自覺贊同某一個強烈的主張。」以及「與原本的意圖恰好相反，經常扼殺了良好創意。」也就是說，靜下心來獨處，整理想法之後激發的點子，比腦力激盪法所發想的創意多出了42%。然而他也同意，優秀的點子並非出於某個人，而是由群體共同創造出來。

　　那麼能克服腦力激盪法侷限的方法是什麼呢？那就是靜心思考，發想創意的「腦力傳寫法」。

腦力傳寫法的進行方法

　　腦力傳寫法和腦力激盪法一樣是提出各式各樣的創意，但表達方式不同。腦力激盪法透過口述表達，而腦力傳寫法是透過文字表達想法。因此能夠鼓勵被動的人參與，對於不敢在別人面前發言，或者不善於自我表達的人來說是一種有效的方法。除此之外，也能減少由一兩名成員提出單方面主張的情況。那麼腦力傳寫法如何進行呢？

（1）說明主題

主持人詳細說明需要發想的創意主題，以及具體說明會議的必要理由和期待的成果，接著準備記錄紙和筆等物品，分給成員們。

主題〈該怎麼做才不會遲到？〉		
A	B	C
1		
2		
3		
解決方法		

（2）寫下意見並傳達

會議參與者在腦力傳寫法的記錄紙上，按照格式寫下內容。根據紙上的主題寫下相關的意見或想法，3～5分鐘之後，將記錄紙交給身旁的參與者。

主題〈該怎麼做才不會遲到？〉		
A	B	C
1	提早起床	訂定罰款	聆聽舒眠音樂
2	叫別人起床	訂定處罰	接受諮詢
3	訂定處罰	參加教育訓練	叫別人起床
解決方法		

（3）評估點子

　　交換點子並進行分享之後，給予時間修正並評估自己的意見。最好在腦力傳寫法結束之後立刻進行評估。過了一段時間再評估的話，在分享意見的過程中所帶來的大腦刺激會消失，因而失去效果。由參與者們一起評估點子，收集好的意見之後取得結果。

主題〈該怎麼做才不會遲到？〉		
A	B	C
1 提早起床	訂定罰款	聆聽舒眠音樂
2 叫別人起床	訂定處罰	接受諮詢
3 訂定處罰	參加教育訓練	叫別人起床
解決方法　彼此叫對方起床，遲到的人需繳交罰款。		

O5 工具⑦問題圖

問題圖（Question Map）是指「**疑問的地圖**」，基於六何原則將想法延伸並整理的方法。問題圖是由筆者所開發，目的是為了彌補即使運用各式的想法工具仍無法解決問題時。同時實際上也是為了解決無法自由發想的問題。

提問的重要性是什麼？

問題圖就是提出問題。那麼企畫時必須提問的原因是什麼呢？有五種原因。

第一、提問能讓靜止的大腦活性化。提出問題並整理想法的過程中，由於額葉產生活化，因此能夠維持發想創意的創新狀態。

第二、提問是創意性和想像力的原則。透過提出問題讓世界邁向進步。愛迪生的燈泡、愛因斯坦的相對論、賈伯斯的

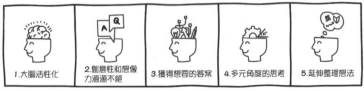

iPhone 都是從提問起步的偉大發明。

　　第三、提問能夠獲得想要的答案。《提問的七大問題》作者桃樂絲‧里茲將它稱作「反射回應」。適切的問題能夠讓你獲得想要的資訊。

　　第四、提問能夠幫助從多元角度思考。只要換個問題，就能脫離熟悉的思考模式，以全新的觀點檢視並思考。

　　第五、提問能夠幫助延伸並整理想法。整理龐大資訊和想法的方法就是提出問題。透過問題使問題明朗化及具體化。

提問能力測試

　　充分了解發想創意時，提出問題的重要性之後，現在針對你的提問能力程度進行測試。測試方法相當簡單，在一分鐘以內針對某項主題提出數個問題，藉此評估自己的提問水準。請試在以下的測試紙上以「滑鼠」為主題，一分鐘內寫下想到的所有問題。

提問能力測試——以「滑鼠」為主題，一分鐘內寫下問題！

提問能力測試結果	
1～3個	提問能力低
4～6個	提問能力普通
7～9個	提問能力高
10個以上	提問能力極高

我在演講場合進行提問能力測試時，約5%的人提出1～3個問題，屬於偏低水準。75%的人提出4～6個問題，屬於普通水準。另有15%的人提出7～9個問題，可以說屬於高水準。以及約有5%的人提出10個以上的問題。其中我們要關注的是提出超過10個以上問題的人。如果問他們如何能提出這麼多問題，大部分的回答如下。

「我會先寫下好奇的部分，再把相似的內容連貫起來提出問題。」

善於提出問題的人們職業大多是平常經常需要發想創意的人，例如企畫人員、研究員、設計師等。以職業上來說，平常經常提問的人大多擁有較高的提問能力。另一方面，提問能力屬於偏低水準的人回答如下。

「我對滑鼠一點興趣也沒有。」

對於「滑鼠」這個主題毫無興趣。事實上，提問能力測試真正想要表達的是是否擁有提問的技巧，重要的不是在一分鐘之內針對滑鼠提出了10個問題。主題隨時可以變換，只要擁有提問的技巧，也能在一分鐘之內提出超過100個問題。

「有可能在一分鐘之內提出超過100個問題嗎？」

我在演講中提出這個假設時，人們都不相信。因為人們認為如果訂出一個主題能夠提出100個問題，那個人就是天才。所謂的天才是懂得舉一反十的人。怎麼能夠知道這麼多呢？答案相當簡單，因為懂得提出10種問題。

能夠自由提出問題，就代表懂得從多元角度思考，處理資訊的速度也和別人處於不同層次。想法以提出問題為開端，提問的程度就等同想法的程度。天才們擁有能夠天馬行空提問的能力，他們總是充滿好奇心。愛迪生和賈伯斯都是擁有強烈好奇心的人。好奇心就是求知欲，求知欲就是想要知道含意而鬱悶之心。為什麼鬱悶呢？因為他們太想要知道答案了。

如何才能找到答案呢？必須提出問題才行。簡而言之，具強烈好奇心的人一定有許多疑問，相反的，缺乏好奇心的人則沒有想問的問題。想要成為天才，就必須知道提問的方法。那麼如何在一分鐘之內提出100個以上的問題呢？

一分鐘之內提出100個問題？

　　方法很簡單，只要掌握技巧即可。只要知道技巧，每個人都做得到。可惜的是學校並沒有教導我們如何提問。填鴨、背誦式的教育方式一向認為記憶力是最重要的，然而學習過程中必須知道提出問題的方法，才能夠汲取更多知識。

　　好奇心—問題—答案，這是教育學家們主張的學習模式。但是韓國的教育恰好相反，背誦的重要性凌駕於提問的重要性之上，因此沒有人真正學習提出問題的方法。

　　即使翻閱提問的書籍，也沒辦法找到明確的基本原理。雖然這些書籍逐字逐句說明提問的重要性，介紹在各個情況中提問的方法，以及開放式問題和封閉式問題等方法，但並沒有說明「形成問題的基本原理」。

　　在此我想要介紹的方法就是「形成問題的基本原理」。問題是透過技巧而形成，只要發掘出模式，人人都能運用技巧提出問題。善於提出問題的秘訣源自於找出形成問題的模式。模式代表一種公式，從公式衍生出各式各樣的問題。

　　你是否對於問題的模式感到好奇呢？這次以「筆記本」為主題，試著提出15個問題。參考以下列的問題清單，試著找出其中模式。請先不要翻閱下一頁的答案，務必親自找出問題模式。提示是形成問題的3個關鍵字。

〈找出問題的模式〉＿關於「筆記本」的15個問題

1. 什麼是筆記本？

2. 筆記本的用途？

3. 是誰發明了筆記本？

4. 筆記本多少錢？

5. 筆記本大概多重？

6. 是誰販賣筆記本？

7. 什麼算是漂亮的筆記本？

8. 如何使用筆記本最有效率？

9. 筆記本的優缺點是什麼？

10. 我為什麼使用筆記本？

11. 筆記本有哪些種類？

12. 筆記本在哪裡製造？

13. 哪一個國家的筆記本品質最好？

14. 筆記本的創造歷史？

15. 作筆記時一定要使用筆記本嗎？

你發現了幾個問題模式呢？三個關鍵字全都找到了嗎？如果少了一個，希望你再找一次。找到三個關鍵字之後，接下來是分析形成問題的模式。

📝 問題的公式

結論上來說，問題的公式是主詞＋「六何原則」＋動詞，這就是形成問題的模式。當然主詞和動詞這兩個用語，可以依照習慣使用的單字替換，並不代表文法規則。

「筆記本（主詞）什麼時候（六何原則）使用呢？（動詞）」

基本上只要運用六何原則，就能延伸出六個以上的問題。

「在哪裡使用筆記本？」

「誰買筆記本？」

「為什麼買筆記本？」

「筆記本如何製造？」

「什麼時候使用筆記本？」

什麼是六何原則？人們最感到好奇的六種核心要素就是六何原則。因此只要將六何原則當作工具，提出問題即可。基本上必須熟悉六何原則才能幫助提問。這裡不能忽視主詞的作用，原因是必須針對主詞提出問題。有時會有這樣的疑問？數量重要嗎？筆者認為在訓練時數量的確重要。因為提問會刺激

大腦的神經元，經由突觸傳遞能夠使大腦活性化。提出至少十個問題時，大腦才會接受刺激，因此為了激盪想法，首先必須盡可能提出問題。

　　然而想要提出100個問題，需要的不是「主詞＋六何原則＋動詞」，而是「主詞＋動詞＋六何原則」。原因是六何原則是根據動詞呈幾何級數增加。舉例來說，「使用」這個動詞加上六何原則時，可以提出六個關於「使用」的問題，包括「在哪裡使用？」、「什麼時候使用？」、「為什麼使用？」、「誰使用？」、「如何使用？」、「使用什麼？」。而「製作」的動詞也可以加上六何原則，就能很快提出類似的六個問題，這樣一來就提出了12個問題。只要運用這個原理，就能輕鬆在一分鐘之內提出100個問題。根據主詞提出十個動詞，再分別加上六何原則即可。以下針對「筆記本」提出100個問題。

創意性的提問方法

　　了解提出問題的公式和一分鐘之內提出100個問題的方法之後，接下來是學習創意性思考的方法。史提夫・賈伯斯說過這句名言。

「不同凡想（Think different）。」

究竟如何才能擁有與眾不同的思考呢？為了幫助理解，首先必須換個單字。

「與眾不同的問題」

想法是從問題中衍生，因此如果學習與眾不同的提問方法，就能領悟不同凡想的方法。想要提出與眾不同的問題，必須記住下以下的公式。

主詞＋主詞＋動詞＋六何原則

「主詞＋主詞＋動詞＋六何原則」是加上完全不同性質的「主詞」。例如滑鼠（主詞）加上西瓜（主詞），再根據六何原則提出問題。

「哪裡可以買到西瓜形狀的滑鼠？」
「利用滑鼠訂購西瓜的方法？」
「可以用滑鼠吃西瓜嗎？」

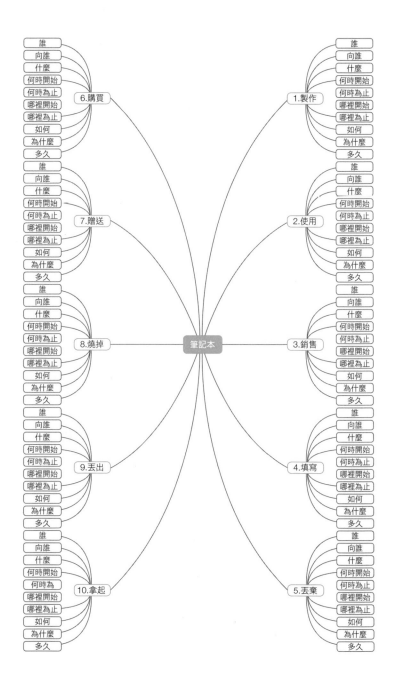

　　這時重要的是提出大量的滑稽問題。增加一個主詞之後，會衍生出推翻想法的創意性問題。試著用滑鼠（主詞）和西瓜（主詞），再加上大象（主詞）來提問吧！

　　　「大象可以邊吃西瓜邊用滑鼠嗎？」
　　　「可以用滑鼠畫出大象形狀的西瓜嗎？」
　　　「大象可以用滑鼠丟西瓜嗎？」

　　如果平常提出這些問題，應該會引起人們的嘲笑。但就像賈伯斯所說的，是提出滑稽問題的人們改變了這個世界。事實上賈伯斯也是一位滑稽的人，他在發明 iPhone 時這樣想：

　　　「為什麼手機只能用來打電話？」

　　每個人都認為手機的用途是打電話，此外別無他想，只有賈伯斯提出這樣的疑問，也就是結合了「手機（主詞）＋影像（主詞）＋網路（主詞）＋音樂（主詞）＋遊戲（主詞）」，提出與眾不同的問題。如何用手機看影像？如何用手機上網？如何用手機玩遊戲？如何用手機聽音樂？一次整合這些功能的方法是什麼呢？如何製作呢？為什麼需要製作？誰需要這些功能？像這樣提出數千個問題，最後他找到了答案，那就是

「iPhone」。

　　請謹記，與眾不同的想法就是與眾不同的問題。必須提出與眾不同的問題，才能擁有與眾不同的想法。有創意的人是提出最滑稽問題的人。

善用問題圖

　　那麼能不能利用問題圖呢？先來複習一下第三章第77頁所介紹的心智圖吧。

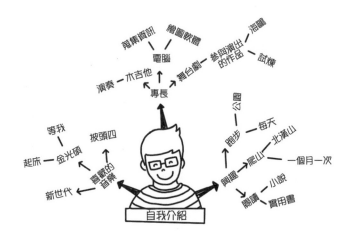

　　心智圖是整理想法的有效工具，但很多人因為心智圖的成效不明顯而容易放棄。筆者分析原因如下：

「就算畫出心智圖，也無法整理想法。」

「不知道如何延伸想法。」

　　你是否也因為這些原因而放棄使用心智圖呢？筆者為了解決這個問題而開發了問題圖。所謂的問題圖顧名思義，就是不斷提出疑問的圖。問題圖著重的不是「答案」，而是以「提問」作為延伸想法的方式。先參考下列的心智圖來了解如何延伸並整理想法。

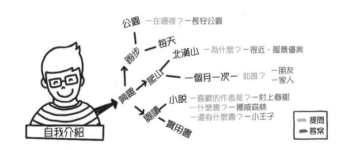

　　覺得如何？利用提問把心智圖加以延伸，同時能夠整理想法。無法自由運用心智圖的原因在於不懂得利用提問來延伸想法。**只要基於六何原則提出問題，便能讓想法源源不絕，**這就是問題圖的優點。

源源不絕的提問方法

最後來了解能夠源源不絕提出問題的基本方法吧！

有一種方法不需要公式，就能讓提問過程暢行無阻，那就是熱愛你所想的主題。試著回想你的初戀，第一次見到對方時，你想知道關於他的什麼？

「名字是什麼？」、「住在哪裡？」、「唸什麼科系？」
「喜歡喝什麼咖啡？」、「電話號碼幾號？」

愛情使人思考，因為思考而展開愛情。愛情的根本來自於什麼呢？就是思量，也就是思考的量。愛得愈多就思考愈多。天才們是對於自己想要的主題長久熱切思考的人。愛迪生的燈泡，萊特兄弟的飛機都是熱愛的產物。只要有愛，就無需公式。因為心中自然而然衍生疑問。

你想要以什麼為主題呢？想要有成功的企畫，首先必須愛你的主題。如果很難做到，那就先具備關心，問題就會油然而生。因為想要知道問題是什麼而感覺鬱悶，而當想要知道答案是什麼，就能提出問題。因此你首先必須熱愛你想要做的事，熱愛就是問題的源頭。

06　一頁企畫書的製作法

📄 用一頁完成企畫書

　　藉由腦力激盪法或問題圖所發想的創意透過企畫書來進行整理。可以的話，企畫書盡量整理成一頁，目的是能盡快掌握內容，一目瞭然。一頁企畫書不是讀完之後了解內容，而是閱讀的當下便立刻掌握內容。

　　有些企業就是實行一頁企畫書，例如TOYOTA汽車公司。他們從1970年代開始落實以一頁報告書進行溝通的企業文化。開會時，人們攜帶一張A3或A4紙參加會議，因此新進人員在培訓時須學習如何製作一頁報告書。目前總員工超過30萬名的TOYOTA公司，聽說每個人都必須一張紙記錄所有資料。原因是什麼？因為忙碌的經營者需要在最短時間內下達決策。不僅是CEO，所有職場人士都沒有足夠的時間詳細閱讀文

件之後做決定，因此製作一頁企畫書的能力是忙碌現代社會的必備技巧。

那麼該如何製作一頁企畫書呢？首先必須了解製作一頁想法框架的方法。想法框架是著手進行企畫書的必備項目。

企畫書的必備項目

企畫書的必備要素是什麼呢？只要思考決策者在瀏覽企畫書時，最想知道的是「什麼」，就會找到答案。首先是關於「什麼」的內容。瀏覽題目和核心內容時，必須能一眼看懂想要企畫的是「什麼」。其次是針對「為什麼」的內容，瀏覽背景、目的、目標時，必須能夠了解之所以企畫的理由。接著是「怎麼做」的內容，列出費用和細部計畫。最後是「預期成效」，告訴對方期待獲得的成果，作為最後的說服手段。因此一頁企畫書包括7～8種項目，當羅列出這些項目時，自然成為目錄，也就形成基本的企畫書樣式。來看看企畫書包含哪些必備項目，以及如何排列先後順序吧（參考114頁「減重10kg企畫書」）！

目前為止已學到企畫的概念和發想創意的方法，以及一頁企畫書的製作方法。最後我有想說的話，請務必謹記在心，那就是企畫即行動。企畫源於頭腦，用行動完成。如果你的腦中

出現某個創意，請當下立刻進行企畫！

「一頁企畫書」的必備項目	
（1）主題	企畫書的主題是什麼？
（2）核心	內容想要用一句話表達什麼？
（3）企畫	背景什麼背景造就企畫？
（4）目的	希望透過企畫獲得什麼？
（5）目標	想要獲得的具體部分是什麼？
（6）費用	明確的預算是多少？
（7）期待	成效企畫的成效和利益是什麼？
（8）實行	計畫如何具體實行？

第五章

長久記憶的閱讀
整理技術

讀書前 的閱讀	無法記憶 的理由	答案就在 書名中
讀書中 的閱讀	**第五章 閱讀**	記憶目錄 結構
讀書後 的閱讀	在空白處 整理想法	製作閱讀 清單

01　閱讀整理技術的三階段

◪ 到底為什麼記不住？

艾德勒（Mortimer J. Adler）在著作《如何閱讀一本書》中提到：「所謂的讀書家是指主要從印刷字獲得資訊和知識的人。」如果單從這一點來看，筆者自詡是一名讀書家。

由於長久以來閱讀大量的書籍，現在即使閱讀高水準的書，我也能毫不費力掌握核心和要點。我能用一頁紙整理出《蘇格拉底的申辯》的要點，除了高水準的專業書籍之外，我也能很快掌握新聞報導的核心。這並不是憑藉靈感，而是技巧。

筆者一開始也不善於閱讀，在了解正確的讀書技巧之前，無論我再怎麼認真閱讀也無法領悟核心，因此十分鬱悶。最大的問題是我記不住內容，對於讀書這件事情我經常感到無力，甚至懷疑自己是不是智能不足。

「為什麼我老是記不住？」

「是不是我的腦袋不靈光？」

　　一開始我對讀書一竅不通，根本不知道原來讀書是有竅門的，一直以為書只要讀得愈多就愈好。當我達成了人生目標，也就是讀完1,000本書的時候，我才真正領悟。

　　那就是多讀並不重要，即使只有一本書，把它讀懂讀好才重要。雖然我讀了1,000本書，但腦中記不住任何一本。到底問題出在哪裡呢？因為我不懂閱讀的方法，不知道如何處理書中大量知識和資訊的方法。孔子曾說：「學而不思則罔，思而不學則殆。」這正是我的寫照。讀書時如果不能整理想法，就不可能記得住書中的內容。

　　筆者藉由這個經驗，發現了讀書的正確順序，試圖解決問題。最後我領悟到，不能按照「我」喜歡的順序，而是按照「大腦」喜歡的順序來讀書。

　　你在讀書時，按照什麼順序來閱讀呢？當我問學生們這個問題，得到以下的回答：

　　「我先看封面，再簡單瀏覽一下目錄，接著就開始閱讀內容。我通常會跳過作者介紹和前言，不會細讀它，因為我想趕快知道內容。」

　　你是不是也是這樣呢？可惜的是，這種閱讀順序無法長久記憶書中內容，因為這不是大腦喜歡的順序。

閱讀整理技巧的三階段

　　那麼什麼才是正確的讀書順序？首先必須掌握書籍的整體性，接著再詳細閱讀核心內容。如果將讀書過程分階段，大致可以分成三種，讀書前、讀書中和讀書後。按照這個順序讀書時，就能將短期記憶轉為長期記憶。

　　　　讀書前的閱讀→讀書中的閱讀→讀書後的閱讀

　　讀書前的閱讀是指「**在腦中描繪出書籍的整體性並理解的階段**」。方法是按照封面→作者→前言的順序閱讀。

　　讀書中的閱讀是「**掌握書的核心內容並閱讀的階段**」。按照目錄→內容→整理的順序閱讀。

　　讀書後的閱讀是指「**整理書的內容和想法的最後階段**」。撰寫讀書感想，同時將內容轉為長期記憶。

　　那麼，現在開始具體說明閱讀的過程。

O2 讀書前的閱讀

　　讀書前的閱讀活動是「製作能裝載內容的記憶容器」階段。記憶容器愈大,大腦記憶的內容就愈多。讀書前的閱讀必須按照封面、作者、前言的順序讀起,藉此勾勒出書籍的整體性。

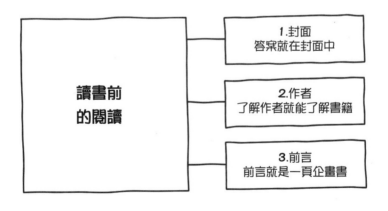

讀書前的閱讀

1.封面
答案就在封面中

2.作者
了解作者就能了解書籍

3.前言
前言就是一頁企畫書

 答案就在封面中

你現在正在閱讀《整理想法的技術》。如果想要長久記憶這本書的內容，就必須徹底了解書名的意義。先來看看這本書的韓文版封面。封面寫了什麼呢？書名、主題，以及介紹這本書的廣告詞。

作者想要傳達給讀者們的訊息都包含在封面中，書籍封面既是書籍整體性，也是和讀者們的初次見面。但可惜的是，很多讀者並不仔細閱讀它，忽略了作者細細思索，取這個書名的由來，以及書的主題。結果讀完之後，有時想不起來自己到底讀過了什麼，甚至連書名都忘了。

（1）對書名提出疑問

現在開始試著以《整理想法的技術》為主題，一分鐘之內提出10個問題（不要光憑想像，最好在書的前面放一張紙，並將想到的問題寫下）。

- 為什麼是整理想法技術？
- 誰需要整理想法？
- 什麼時候需要整理想法？
- 整理想法有哪些種類？
- 如何整理想法？
- 我是否擁有整理想法技術？
- 整理想法的範圍有哪些？
- 善於整理想法有什麼好處？
- 如何用一句話表達整理想法技術？

（2）面對無知

　　對書名提出疑問之後，必須針對這些問題，檢視自己是否知道答案。因為當大腦認為自己不知道答案時，好奇心便會遽增。事實上很會唸書的學生們，非常清楚自己知道和不知道的部分，因為不了解而更驅使自己鑽研學習。相反的，不太會唸書的學生們，把自己不知道的部分誤認為已知的部分，因此無法真正學習。面對無知並不容易，但唯有承認自己的無知時，才能獲得真正的學習。現在在你提出的問題旁邊寫下你所認為的答案。

- 為什麼是整理想法技術？—不太了解
- 誰需要整理想法？—每個人都需要
- 什麼時候需要整理想法？—時時刻刻都需要
- 整理想法有哪些種類？—不太了解
- 如何整理想法？—我只知道寫在便利貼上
- 我是否擁有整理想法技術？—我會畫心智圖
- 整理想法的範圍有哪些？—不太了解
- 善於整理想法有什麼好處？—可以縮短處理工作的時間
- 如何用一句話表達整理想法技術？—不太了解

　　提出問題並寫下答案之後，就會發現自己比想像中更不了解主題的含意。這個過程自然而然會衍生讀書的目的。所謂的**讀書就是學習**。學習的原因是什麼？是**為了脫離無知**。蘇格拉底曾說：「認識自己」、「智慧意味著對無知有自知」。了解自己無知的人們，能夠藉由學習彌補，最後變得有智慧。因此讀書時，如果誤以為自己已經了解這本書的所有主題，就無法將書的內容裝載於記憶容器中。你希望能長久記憶書的內容嗎？那就請你務必記得這句話。

　　「好奇心愈強烈，記憶愈長久。」

（3）從封面推敲答案

　　針對書名提出疑問之後，接下來是仔細觀察封面的內容，透過標題和廣告詞等，推敲問題的答案。作者們努力將新訊息或讀者需要知道的核心關鍵字涵蓋在封面中。如果你從封面的標題和廣告詞等找到線索，就能在腦中勾勒書籍的整體性。《整理想法的技術》韓文版封面寫有幾句廣告詞，最上方的大標題寫著：

　　　　「明快思索、整理和表達的訣竅」

　　標題是書的核心內容，也是範圍。假設一本書缺乏標題，讀者就無法預測書的內容，因為整理想法的範圍太過廣泛。透過這句標題可以得知「整理想法技術」除了應用在整理想法之外，也能運用在表達方面。接下來是下方的廣告詞。

　　　　「聰明整理複雜的想法，
　　　　將單純想法延伸轉化成創意！」

　　透過這句廣告詞可以推測出，這本書是整合了整理想法技術和企畫的方法。

藉由這種方式觀察封面的核心關鍵字,並勾勒出書籍的整體性。答案就在封面中。為了找尋答案,我們必須提出問題。必須藉由提出問題尋找並推敲答案,在腦中描繪出關於這本書的輪廓。

了解作者就能了解書籍

充分了解封面的內容之後,現在必須認識作者是誰。大部分的讀者們並不仔細閱讀作者介紹,經常跳過它而直接閱讀目錄或內容。然而作者介紹具有了解書籍的重要線索。這個小小線索也是了解書籍整體性的大關鍵。我舉一個例子,藉此說明作者介紹的重要性。

有一天你對「和平」這個主題產生興趣,為了尋找這個帶給人溫暖感受的「和平」主題而去了書店。發現了一本名為《世界和平》的書,看著天藍色封面上翱翔的一隻鴿子,你頓時感覺心平氣和。帶著期待的心翻開書頁,直接閱讀起內容。前面10頁感覺很不錯,之後內容卻愈來愈奇怪。描寫奧斯威辛集中營就算了,為什麼還出現必須格殺猶太人才能帶來和平的可怕內容?這時你回過頭翻閱作者介紹。作者的名字不就是鼎鼎大名的希特勒嗎?不知所措的你匆忙闔上書本。

當然這只是假設的情況，但實際上這種情形經常發生，原因就是不了解作者的重要性。認識作者極為重要，因為了解作者就了解書籍。

　　例如，以「心理學」為主題的書籍，根據作者不同，內容可能會完全迥異。研究「行為心理學」的人所寫的書和研究「阿德勒心理學」的人所寫的書，內容和主題必然不同。不屬於專業團體，而擁有教育青少年經驗的老師所寫的心理學書籍，內容相對來說淺顯易懂。書籍就是融合作者的思想、經驗、智慧、知識之大成的著作。因此仔細閱讀作者介紹，對於掌握書籍的整體性極有幫助。

前言就是一頁企畫書

　　這時你應該等不及想要趕快翻閱書籍內容。但是讀書前的閱讀中有一項必須進行的最後步驟。當你透過封面和作者介紹，勾勒出關於這本書的輪廓之後，現在必須細讀前言。前言是用一頁整理書籍要點的企畫書。通常書的前言包括以下資訊：

- 預設讀者：為誰寫下這本書？
- 寫作背景：為什麼寫這本書？

- 書籍主題：用一句話形容這本書？
- 作者的論點：作者想要傳達的話？
- 其他內容：書籍結構、閱讀方法等

為了解前言的功能，我舉《害怕演講的你，如何開口說話？》這本書的前言作為例子。

DRZIG

**「害怕演講的你」
變身成為「暢所欲言的演說家」！**

　　朴惠恩、申成振、李尚恩，我們三人是在每周三凌晨的聰明工作講座上認識的。13周課程開始的第一天，學員們進行簡單的自我介紹時，包括我們在內的所有學員們都感到不知所措，沒辦法好好介紹自己。我們三人各自的職業是主持節目、寫作、授課老師，某一天我們在聚會時談起「自我介紹」這件事，於是決定發揮自身的專長，共同撰寫一本教導人們流暢自我介紹的「演說」書籍。

　　為了害怕演說的你，為了連簡單的演說也心生畏懼的你，以及為了面臨愈來愈多演說機會的你！

　　如果從這本書一開始介紹的內容逐步閱讀，你就會從「害怕演講的你」，變成「勇於自我介紹，演說具有感染力的你」。或許你也會進一步成為在職場或聚會中「暢所欲言的你」。

004

　　這本書大致分成四個章節。我們苦思著如何幫助讀者從「害怕演講的你」變成「暢所欲言的你」。既要簡單明瞭，也要有實質幫助，且必須具有深度。「Part1用演說吸引對方」是指導主播、廣播DJ、主持人和人們表達的單元，對經常思考表達和演說的作者來說，這也是演說最核心和最基本的心態。這一章收錄了像幹練的專家一樣說話的具體方法，你會發現能夠使你說話像專家和教授的秘訣。

　　「Part2用故事吸引對方」用最簡單的方式整理出組織故事和述說故事的方法，幫助提高人們的關注度，同時打動並鼓舞人心。雖然說故事在許多溝通技巧中是最簡單的方法，但很多人不擅於運用。希望你能透過恰如其分的比喻和故事，成為「抓住對方目光的你」。

　　「Part3用身體語言和對方交流」中，說明身體語言就像一種標誌牌，對認識的人來說能了解你，對不認識的人來說則無法了解。身體語言是取得好感、傳遞真誠，並培養說服力的語言，這是人類最初發展出來的語言，卻也是被遺忘的強力語言。這一章將能學習如何透過身體語言，賦予演說魅力和重點。

　　「Part4使別人記住你的演說工具包」中，介紹如何寫出一生受用無窮的自我介紹書、祝賀詞，以及如何引用電影的名言佳句和名人演說的內容。這一章是本書最關鍵的部分，「害怕演說的你」

005

前言的<u>標題</u>是「害怕演講的你，變身成為暢所欲言的演說家！」正如標題所言，以害怕演講的人們作為目標讀者。<u>這本書的寫作背景</u>是在聰明工作講座上初次相識的朴惠恩、申成

振、李尚恩三位作者，他們在為期13周的課程第一天，彼此生疏靦腆地自我介紹。這件事情成了開始寫作的因緣。這三位作者各自的職業是主持節目、寫作、授課老師，他們想要發揮自身的專長，共同撰寫一本教導人們流暢自我介紹的「演說」書籍，這就是寫作背景。作者想要表達的論點是只要按照這本書的方法去做，就能成為勇於表達自我，使人留下深刻印象的出色演說家。同時也介紹書的結構包含 Part 1～4。

　　只要閱讀前言，就能勾勒出《害怕演講的你，如何開口說話？》這本書的整體性。前言就是一頁企畫書，企畫書就像建築設計圖。就像透過建築設計圖能夠事先模擬建築物的全貌一樣，閱讀前言就能在腦中描繪出這本書的全貌。讀書時絕不能略過前言，好的開始是成功的一半，細心完成讀書前的閱讀，就是完成讀書的一半。接下來將說明讀書中的閱讀階段。

03　讀書中的閱讀

如果「讀書前的閱讀」是了解內容之前的準備作業，那麼「讀書中的閱讀」就是正式進入書籍內容。這個階段的目標是了解書的內容並且掌握核心。我想介紹以下三種讀書中的閱讀方法。

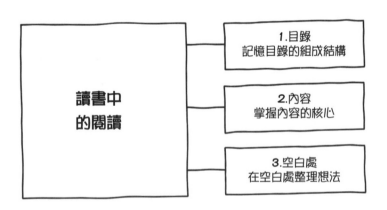

📄 記憶目錄的組成結構

目錄是書籍的骨架，也是主要框架。想要記憶書的內容，必須從目錄開始。只要觀察目錄的組成原理，很容易就能記住它。

（1）目錄的組成原理

一本書的目錄是如何形成的呢？先從提出問題開始。列出問題形成項目，將各個項目集結起來便形成目錄。項目形成之後，再利用能夠激起讀者好奇心的單字上色。按照這樣的順序，便形成目錄。為了幫助理解目錄形成的順序，我舉《整理想法的技術》的例子來說明。

提問→項目（上色）→目錄

《整理想法的技術》的目錄內容也是由提問問題開始。筆者在腦中思考自己想要知道的問題，以及希望讀者了解的問題，按照順序排列出來。以下是為了組成這本書的內容所提出的問題：

- 為什麼需要整理想法？
- 為什麼無法整理想法？
- 整理想法的方法是什麼？
- ……

　　我透過這種方式列出超過1,000種問題，再從中整理出這本書必備的100種核心問題。接下來將問題列為項目，並以能夠激起讀者好奇心的內容來上色。

- 為什麼需要整理想法？
  →重新認識「想法整理」
- 為什麼無法整理想法？
  →整理不了想法的根本原因
- 整理想法的方法是什麼？
  →聰明整理複雜思緒的方法
- 能夠企畫創意的方法是什麼？
  →讓單純想法成為點子的方法
- 整理讀書的方法是什麼？
  →長久記憶的閱讀整理技術
- 擅長演說的方法是什麼？
  →掌握整理想法技術可以連帶提升演說力！

- 人生為什麼需要整理想法？
  →整理想法具有改變人生的力量

在完成內容之前，不斷進行修正和上色。這樣的上色過程完成之後，區分出各個章節，最後組成以下目錄。

- 第一章　重新認識「想法整理」
- 第二章　整理不了想法的根本原因
- 第三章　聰明整理複雜思緒的方法
- 第四章　讓單純想法成為點子的方法
- 第五章　長久記憶的閱讀整理技術
- 第六章　掌握整理想法技術可以連帶提升演說力！
- 第七章　整理想法具有改變人生的力量

書的目錄是經由這種方法形成。問題形成項目，將項目上色之後，接著完成目錄。並且用同樣的方式來組成各個章節的細部內容。

現在已經了解由問題形成目錄的過程。接下來是說明如何記憶目錄。

（2）記憶目錄的方法

記憶目錄的方法是將目錄內容轉成故事。目錄是書籍的骨架，只要將第一章到第七章的大標題走向串聯起來，就不難掌握書的大綱。與其將項目分別羅列加以記憶，我們的大腦更偏向於把各項目的關聯性串連起來，組成大綱來記憶，才能記得更長久。

自我啟發類的書籍通常按照Why→How的順序作為目錄，提出問題或賦予動機之後，再說明方法論。實用書《整理想法的技術》的目錄也是按照問題→解決→的順序進行。以下是將目錄轉成故事並加以整理的過程。一起製作出書的目錄和大綱之後再記憶它吧！

《整理想法的技術》使人重新發現過去所不知道的整理想法面貌，並揭開無法整理想法的根本原因，再說明如何聰明整理想法，以及將單純想法企畫為具體點子的方法。另外，也介紹長久記憶的閱讀整理技巧，和擅長演說是整理想法的回報的原理，並說明整理想法具有改變人生的力量，同時強調透過整理想法，能夠使人生出現變化並得到成長。

掌握內容的核心

「讀書中的閱讀」最重要的部分是掌握核心內容。接下來將說明透過目錄掌握核心並上色，以及習得內容的方式。

（1）　掌握核心的方法

一旦了解目錄是由問題形成項目，那麼尋找核心的方法就非常簡單，只要反過來思考，目錄的項目是由什麼問題形成即可。因為問題就是內容的核心，而該問題的答案，就是作者想要傳達的核心內容。

必須找出目錄的項目中所隱藏的核心問題。找到目錄的核心問題之後，再開始翻閱內容尋找答案。這時最好的方法就是以搜尋的方式尋找內容。

（2）　以搜尋的方式尋找內容

先開啟你的網路搜尋網頁，在歷史紀錄中瀏覽你最近查詢過的內容是什麼。對潮流有興趣的人，應該發現有今年的流行趨勢、流行相關書籍、流行服飾等各種和流行相關的關鍵字。查詢過的內容正反映出你的欲望。我們查詢的理由是來自於對某個主題產生好奇。透過查詢能夠找到大量的資料，藉此解開疑惑，也會記得其中想要知道的內容。

書籍也是一樣，帶著好奇心尋找書的內容時，就能長久記憶。相反的，如果讀書時不具好奇心，即使是再好的內容，也無法長久留在記憶中。與其毫無計畫的讀書，不如先瀏覽目錄，針對好奇的部份去尋找內容更好。用手指著目錄閱讀，按照自己想要知道的順序，像查詢一樣翻閱書中內容。查詢的方法就等於對目錄提出問題。成為讀書的主人最好的方法就是提出問題。提問的過程就像和作者對話一樣，能夠帶著積極的態度閱讀。

　　讓我們來看看以下的例子來了解如何查詢。例如，想要查詢「第四章讓單純想法成為點子的方法」的核心時，會提出如下的問題。

「單純想法如何成為點子？」
「什麼是企畫？」
「發想創意的工具有哪些？」
「如何使用腦力激盪法？」

　　最好能將這些問題寫在目錄旁邊，在提出問題之後，尋找想要知道的內容。找到將單純想法成為點子的方法、企畫的概念、創意發想工具和使用方法之後，在文句下方畫線或抄寫內容。內容較短時，不妨像以下的方式，在問題旁邊寫上答案。

「單純想法如何成為點子？」→第111頁

「什麼是企畫？」→達成目標的整理想法活動

「發想創意的工具有哪些？」→腦力激盪法

「如何使用腦力激盪法？」→第118頁

不要毫無計畫地閱讀，而是像這樣從目錄中查詢內容。也就是讀書時最好能像查詢一樣解開好奇的部分。

（3）用繪圖整理

掌握書的核心內容之後，試著針對內容整理成心智圖。將讀書過程中所掌握到的內容畫成心智圖的好處是，能夠一眼瞭解結構和核心。透過例子來了解實際的讀書繪圖過程吧！以下是《記憶力，完成學習的技巧》一書中提到的「促發」的製圖過程：

①內容

「促發（priming）」是指「準備」、「開啟」之意，源自英文的「to prime」。意思是藉由和記憶對象有關的既往經驗，引發學習和記憶中既有觀念的記憶心理學現象。這種既往經驗無論是來自於無意識或有意識，都能更容易掌握並處理類似的資

訊，幫助記得更長久。

②繪圖

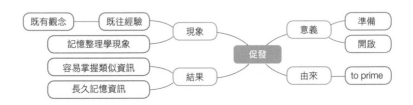

　　像這樣整理之後能夠更容易理解並且記憶。如果在書的空白部分繪製心智圖，之後重新翻閱書籍時，立刻就能回想起內容。而想要記憶書的內容，不妨試試讀書製圖吧！

在空白處整理想法

　　了解如何掌握讀書的核心內容之後，現在要來介紹在空白處整理想法的方法。

　　有人說讀書時最好保持乾乾淨淨。他們認為乾淨的書頁才能在下次閱讀時產生新創意，因為在書上做筆記會妨礙產生新的想法。因此腦中浮現創意時，往往寫在便利貼或筆記本另作紀錄。你是否也是採取這樣的讀書方式呢？雖然這種方法並沒有錯，但筆者認為恰好相反，在空白處記錄的方法更有效果。

　　筆者讀書時從來不會保持書頁乾淨。除了圖書館借來的書籍之外，只要是在書店買的書，我一定按照自己想法製作書頁。用一萬韓元買來的書，我會努力讓它變成具有100萬韓元價值的書。當讀書時浮現各種創意，我會在空白處記錄下來，或者在句子下方畫線。書重要的部分不是書本，而是書中的精髓。精髓就是果實，也就是為了得到果實而讀書，在書頁上記錄的過程就像除去果皮一樣。為什麼書本會有空白處呢？不就是為了思考和紀錄嗎？

　　做筆記時我有幾種記錄模式。首先是在對我有幫助的字句底下畫線，同時寫下畫線的原因。我有時會寫「ㄅㄅ」，也會在認同的句子旁邊寫上「同感」。如果出現不能理解的句子，我就誠實寫上「不懂」。我會寫上日記，也會記錄創意。需要時也會畫圖。

　　畫底線並記錄內容時，最重要的是寫上思考的日期。例如在底線旁邊寫上「2016年10月25日3點」，像這樣過了一年、兩年、三年之後再次閱讀時，就能比較我過去的想法和現在的想法有何不同，並且發現自己的成長和進步。

　　在空白處做記錄時，不一定非要寫下和書有關的內容。以筆者來說，當我需要授課的內容和點子，或活動企畫的點子時，經常會翻閱書籍。即使是與書毫無相關的內容或其他想法也可以記錄在空白處。但重點不是在空白處記錄與書無關的內

容，重要的是閱讀這本書時受到刺激所激盪出的想法是什麼。

　　參考以下的紀錄方式會有所幫助：

①發現（新發現的內容）→「這是我第一次了解的事實！」

②領悟（領悟的想法）→「我領悟到無所有的意義。」

③誓言（立下的誓言）→「未來我一定要活出真正的人
　　　　　　　　　　　　生！」

④感受（情緒表達）→「有趣！難過！感動！」

⑤創意（突然浮現的創意）→「可以運用在授課上」

⑥是否理解（檢視理解與否）→「很難，不懂」

⑦反省（反省的思考）→「看完之後很後悔自己對媽媽的
　　　　　　　　　　　　態度」

⑧同感（和作者有同樣想法）→「同感」

⑨批評（和作者有不同想法）→「我有不同看法，因為」

⑩其他（自由紀錄）→「想睡覺、很有趣」

　　對我而言愈好的書愈雜亂，因為上面寫滿了我的想法。我會畫底線、記錄想法、折起書頁和貼上便條紙。閱讀的理由是為了思考。為了創造思考的「狀態」，所以讀書。讀書本身的行為並不是目的，因為讀書而進入的思考狀態才是重點。

方法就是在空白處寫上筆記，記錄愈多愈是好書。有些書並沒有足夠的空間可以記錄。有時我在網路書店只瀏覽書名就訂購書籍，結果卻感到失望，有時只是大致瀏覽之後就退貨。而最糟糕的書就是沒有可以讓我思考的書，好書就是能刺激我思考的書。

　　空白處記錄的閱讀方式一開始會覺得打亂書本的整潔而感到可惜。如果你希望保持書本乾淨而有些猶豫，不如就試著在《整理想法的技術》上記錄看看，我非常肯定你會發現自己的想法出現驚人變化。

　　這本書是屬於你的書，既然是你自己的書，就大膽地畫上底線、記錄並且思考吧！

04 讀書後的閱讀

「讀書後的閱讀」是讀完書之後的後續活動。為了長久記憶讀過的書，就需要讀書後的閱讀活動。讀書後的閱讀活動種類有整理寫成一頁讀後感或書評，以及透過讀書會一起閱讀或討論，或者製作閱讀清單，持續養成閱讀的習慣等。

整理成一頁的方法

閱讀完一本書之後，必須把原本不知道的事實、想法和內容，不拘任何形式記錄下來。因為透過閱讀寫下的想法記錄會成為日後寶貴的知識財產。

閱讀完之後的活動大致上分成兩種，寫**讀後感**的活動和寫**書評**的活動。這兩種都是讀完書之後紀錄想法的活動，但在紀錄的方式上有差異。讀後感是以主觀感覺為主，偏向個人敘

述，而書評是將感受客觀化，從社會和文化脈絡付諸公論寫成文字。

閱讀整理最好能夠整理成一頁的內容，接下來我將介紹整理的方法。

（1）一頁閱讀整理法

為了整理成一頁內容，需要構成項目的格式。基本的構成項目包括閱讀動機、書籍資訊、書籍內容（大綱）、印象深刻的句子、讀完之後的想法或感受等。那麼來看看如何分配項目。以下的讀書報告是「整理想法學院」課程第一期會員申研善的例子。

一頁閱讀整理法的格式從基本資訊「種類、書名、作者、開始日、完成日」開始著手。種類排在書名之前，原因是通常閱讀時會偏向選擇自己喜歡的領域，如果將種類排在最前面，時間久了可以分析自己哪一類書籍讀得最多。記錄種類之後，再寫下書名、作者和開始日期等，按照順序記錄讀書檔案。

📑 參加讀書會

讀書後的閱讀活動之一是參加讀書會。藉由讀書會和人們分享並討論書中內容，過程中能獲得更深刻的理解，同時透過

一頁閱讀整理法

讀書報告	
種類	自我啟發
書名	具本衡的最後一堂課（造就我的世界文化古典讀法）
作者	具本衡、朴美玉、鄭在葉
開始日	2016年8月15日
完成日	2016年8月21日

〔閱讀動機〕

當我20歲時，身為一個社會新鮮人，我煩惱著我所選擇的路是否是一條正確的路，那時我接觸了具本衡老師的書《告別熟悉》，彷彿找到了支持我的應援者，感到相當開心。現在我來到40歲，為了展開新事業而跳脫熟悉的事物，這時我需要能夠給予我勇氣的指南針和引導者。

〔書籍資訊〕

─作者：具本衡、朴美玉、鄭在葉　　　─出版社：想法庭園
─出版日：2014年0月10日　　　　　─頁數：442page
─書籍標題：像希臘人左巴一樣自由，像哲學家丁若鏞一樣，視今日為最後一日認
　　　　　真生活。

〔書籍內容（大綱）〕

具本衡老師從2012年8月起主持為期19周的EBS FM廣播電台節目《閱讀古典》，而在他過世之後，他的弟子朴美玉、鄭在葉研究員從《閱讀古典》、《具本衡論壇》和《心靈之信》中整理出17篇的古典作品內容，收錄成冊。這本書收錄了東西方共17篇古典作品，對於想要仿效古典作品以盡情活出自己所編排的人生而孤軍奮戰的人們來說，成為一種「引導者」的角色。

[印象深刻的句子〕

二十年後，你會因為沒做某事，而不是做了某事而失望。所以應扔掉帆索，將船駛離避風港，並在航行中抓住信風，盡情探索、夢想、發現。─馬克吐溫─

〔讀完之後的想法或感受〕

翻讀一頁的內容，彷彿翻閱一本又一本的古典名作。里爾克勸告想要成為詩人的年輕人，把望外看的視線轉向你的內心走去。徬徨的我們，在混沌中遺忘學習，領悟成為一種妄想，而我不是自己的主人，卻允許世上作為自己主宰的我們，必須尋找屬於自己的北極星，並為此解開帆索，離開安全的港口，啟航享受旅程，這才是人生，才是生命，也才能獲得勇氣。苦難和忍耐可能成為使我們人生更耀眼奪目的助燃劑，而年老代表安逸於熟悉的生活。我鼓起勇氣拒絕了安逸於熟悉的生活，而這條路是否正確，在無數的懷疑和徬徨之中，這本書給予我安慰和支持。

對話分享各種觀點和意見。最重要的是，將自己整理出的內容傳達給別人的過程中，更能夠完美理解書的內容並且長期記憶。

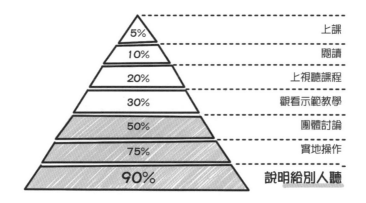

這張圖片是美國行為科學研究機構NTL的學習效率金字塔。根據研究結果顯示，單純進行閱讀只會記得10%的內容，如果加上彼此討論和說明，會記得90%以上的內容。在傳達知識並說服對方的過程中會刺激大腦，說明過後便能長久記憶。

讀書會包括輕鬆閱讀書籍的聚會和進行討論。對於想要讀書卻沒有時間的忙碌上班族來說，不妨選擇輕鬆讀書並且和人們共度悠閒時光的閱讀聚會。如果想要接觸不同觀點的思維和各種與標題有關的想法，可以參加「整理想法學院讀書會」。

📋 製作閱讀清單

我們一生中會讀多少本書？根據統計，韓國人一年讀0.9本書。簡單來說，等於一年讀不到一本。不閱讀的人生是多麼可惜，因為讀書帶來多麼大的好處。

我們的人生無法親身體驗所有的事物，因此藉由讀書體驗各式各樣的生活。和經驗過的相比，未能體驗的更多，而透過讀書可以獲得各種經驗，使我們的思維更寬更廣。讀書也能讓我們的人生變得與眾不同。閱讀一本書會改變我們的想法，進而改變行為。

閱讀好書就像遇見好老師，書本成為帶領人生方向的指引。同時藉由讀書能夠擴大思考力。額葉最活躍的時機就是讀書的當下。在學習新知識並處理複雜的內容的過程中，大腦也變得更活躍。讀書的好處再多言語也不足形容。

即使如此，無法持續讀書的原因是因為缺乏讀書策略。為什麼要讀書，以及該如何讀書，針對這些疑問必須準備好方法。我推薦的方法之一是製作「閱讀清單」。

閱讀清單是指記錄自己想讀的書籍。閱讀清單的好處是可以記下自己讀過的每一本書，產生自信感。自信感是能夠維持讀書的動力。而製作閱讀清單也能將讀過的書籍分類，能夠避免只偏重閱讀某一類書籍。雖然集中閱讀某一類書籍能夠培養

閱讀清單					
	類型	書名	作者	開始日	完成日
1					
2					
3					
4					
5					
6					
7					
8					
9					
10					
11					
12					
13					
14					
15					
16					
17					
18					
19					
20					

《如何閱讀一本書》

──莫提默‧艾德勒（Mortimer J. Adler）

專業度，但閱讀各種領域的書能拓展思維幅度，這一點也同等重要。

那麼該如何使用閱讀清單呢？方法很簡單，按照清單上的格式記錄書籍的類型、書名和作者，接著記錄開始閱讀的日期和完成日。如果沒辦法讀完整本書，可以寫下中途放棄的理由。而在開始執行閱讀清單時，訂下讀多少本書的目標值，能夠獲得更大的成就感。

應該讀多少本書呢？每個人情況不同，但基本上我推薦讀100本。所有事情都有臨界點，以閱讀來說，讀完100本會出現新契機。同時也能幫助養成讀書習慣，衍生自信感，並獲得繼續讀書的力量。不如趁這個機會訂立「一年讀100本書的企畫」如何？整理讀書目錄並進行統計的同時，能夠獲得成就感。以《整理想法的技術》作為契機，希望你能達成目標。

掌握整理想法技術可以連帶提升演說力！

害怕演説的你	誤解麥拉賓法則	演説整理想法的過程
分析對象和目的	**第六章演說**	選定主題
羅列問題	設計目錄	編寫內容

O1 害怕演說的你

整理想法也能幫助演說？

在整理想法學院完成正規課程之後，所有學習者們都出現神奇的變化。為了學習整理想法的方法而參與的全體學習者，演說能力也一併提升了。某位學習者在網站留下這樣一段心得。

「我的個性很內向，從小我就非常害怕在別人面前說話。原本猶豫要不要參加演講訓練課程的我，偶然間加入了整理想法學院的正規課程。明明我學習的是整理想法的技術，但令我驚訝的是，演說能力也同時進步了。」

為什麼會發生這種事呢？事實上這個結果並不令我驚訝。因為想法和言語息息相關，一旦擅於整理想法，演說能力也自然獲得提升。漫無邊際地思考，言語就漫無邊際，而以邏輯性思考，言語就具有邏輯性。演說能力根據如何準備而具有顯著差異。

　　然而可惜的是，大多數的演說講師在授課時著重於非語言溝通而非整理想法，過分強調語調和手勢等非語言的溝通，而忽視針對內容統整想法的重要性。原因是什麼呢？那就是對「麥拉賓法則（Albert Mehrabian）」的誤解。

對麥拉賓法則的誤解？

　　麥拉賓法則是美國UCLA大學的心理學教授艾伯特‧麥拉賓在著作《Silent Messages》中說明非語言溝通的重要性時所提出。具體來說，麥拉賓法則是針對「當一個人說話時的內容、語調、手勢和肢體不一致時，人們會做出何種反應」進行研究所得到的數值。

　　根據研究結果，不免令人懷疑「對演說來說，內容是否幾乎不重要？」事實上許多演講課程都強調內容並不重要，或認為非語言溝通比內容更重要。這是因為根據圖中的數值，內容（言語訊息）只占7%。

　　很明顯的，這是一種誤解。麥拉賓教授曾經表示：「人們誤解了我的研究，言語的傳達力不可能只占7%。這份研究是在稱為溝通的範圍內完成的，數值並不能套用在演說領域。即使如此，人們仍然以麥拉賓法則為論證，實施以非語言溝通為導向的演講教育，因為認為這個法則能夠成為強調非語言溝通重要性的佐證。但這是個誤會，演說的內容怎麼會不重要呢？

「必須好好整理想法，才能好好演說。」

02 演說前需要整理想法的理由

　　演說之前必須整理想法。因為在整理想法的過程中，演說的內容會變更明確。接下來我將說明「演說需要整理想法」的三種理由。

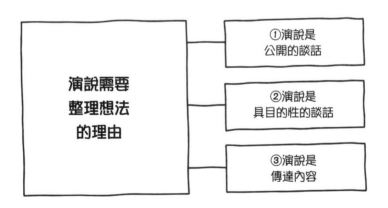

演說是公開的談話

首先演說並非私人聊天，而是公開的談話。演說不是日常生活的對話。日常對話是以私人主題對少數人們談話的行為，空間和時間沒有限制，因此可以自由聊天。相反的，演說不是對少數，而是對多數人們以公開主題談話的行為，責任度高，空間和時間也受到限制，因此必須事先準備。

站在大眾面前演說並不是一件容易的事。如果沒有整理想法，像日常會話一樣即興式說話，很容易說出漫無邊際的內容或說錯話。認為自己天生具有口才，憑藉這份信心在毫無準備的情況下上台卻出糗，這種情形也屢見不鮮。演說絕不是一場玩笑。透過演說能夠贏得聽眾們的信任和信念，進而改變人們的行為，因此必須有斟酌的想法和整理思緒的時間。

日常對話和演說的比較								
區分	形式	主題	聽眾	責任度	時間	語調／詞彙	非語言	準備度
日常對話	私人談話	私人主題	少數	低	自由	非正式	自然	即興
演說	公開談話	公眾主題	多數	高	限制	正式	有目的調整	準備

📧 演說是具目的性的談話

第二個理由為演說是具目的性的談話。有目的就代表為了達成目的必須策略性進行準備。傳統上演說可以分為**資訊提供性演說、說服性演說、禮貌性演說、娛樂性演說**四種類型。

為了做好「資訊提供」，必須整理出說明的方法，而根據如何整理想法也能夠傳達更明確的訊息。「說服性演說」是改變聽眾的信念、行為、態度的演說。他人的信念、行為和態度

不容易被改變，因此說服性演說需要配合說故事訓練技巧，或者與立足於序論、本論、結論的邏輯結構相互結合。而「禮貌性演說」包括各種祝賀詞、就職演說、勉勵詞等，為了使活動圓滿進行，必須正確掌握活動流程和訊息等。具有娛樂性質的「娛樂性演說」也是如此。

演說的種類不同，但共同點是演說具有目的性，因此整理想法的過程不可或缺。

📄 演說是傳達內容

內容在字典上有各種意義，以演說來說，是指**「經過修飾的內容」**。有趣、受用或感動的內容，能夠帶給他人知識、希望和感動的內容，就是演說的內容。這樣的內容不是一蹴可幾，是在精細雕琢的演說準備過程中創造動人的內容。

好的內容造就演說者的公信力。公信力是聽眾相信演說者的心，當聽眾信任演說者時，接下來的演說就容易進行。反之，當公信力崩壞時，友善的聽眾便轉為敵對的態度。

因此，演說者務必致力創造好的演說內容。為了完成好的內容，需要事前企畫。企畫是繪製演說的大圖，也就是設計序論、本論、結論該如何進行。透過企畫完成的演說可以獲得好的成果。不妨參考圖片以了解演說的準備方向。

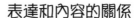

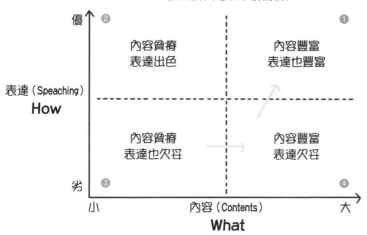

　　這個圖顯示出演說中表達和內容的關係。總括來說，想要說明的是演說中表達先於內容，還是內容先於表達。也許看起來就像討論先有雞還是先有雞蛋一樣，但如果從結論說起，演說的內容應置於表達之前。

　　以四個象限來看，我們希望的是第一象限，也就是成為內容豐富，表達也豐富的演說者。那麼實際上如何呢？也許可能落在第三象限，即內容貧瘠，表達也欠缺技巧的情況，而害怕演說的原因也在於此。

　　「內容和表達都不足，應該從哪裡開始準備呢？」

如果你想要達到第二象限，就是內容欠缺而表達出色的程度，原因是現在既沒有時間，又感到心急。然而我並不推薦這個方向。雖然這看起來是條捷徑，但其實最後是最緩慢的遠路。缺乏內容只有表達出色，說話時滔滔不絕，內容卻如墮五里霧中，只會招致殘酷的評價。

　　我推薦的方向是透過第四象限，邁向第一象限，也就是**先整理想法，再準備表達**。第四象限是表達上多少顯得不足，但內容豐富的演說。如果演說稿具有邏輯性結構，包含許多豐富又受用的事例，即使咬字、語調和聲音稍顯薄弱，聽眾也會聚精會神聆聽你的演說。第四分區的整理想法過程完成之後，再朝向第一象限前進吧！試著想像，如何將豐富的演說內容，配合非語言溝通的要素相輔相成，使演說更臻完美。也就是完成整理想法之後，為表達進行準備。

03 演說大師也從整理想法開始

知名搞笑演員鄭燦宇是我曾經訪問過的一位電視人。當時的訪談主題是「什麼是談話？」，我問他：「你是如何讓談話變得這麼有趣？」他是這樣回答的。

> 「當然是因為我過著有趣的生活。思考有趣，生活有趣，自然就會說出有趣的話。談話伴隨著一個人的想法和人生。憂鬱的想法會造就無力的談話，而生活充滿活力的人，聲音也會鏗鏘有力。」

他說出的字字句句都充滿趣味，原因就來自於**有趣的思考和生活**。想法就是談話，如果想要讓談話變得有趣，就必須先從有趣思考的方法開始學起。另一方面，擅長演說的人們，也善於整理想法，他們身上有著以下的共通點。

- 經常做備忘錄
- 保持閱讀
- 平常有整理想法的習慣

Art Speech 金美靜院長

演說訓練機構 Art Speech 的金美靜院長是韓國首屈一指的演說大師，她傳遞給大眾既感動又安慰人心的訊息，她的演說秘訣是什麼呢？她在某一次訪談中，說明自己如何進行演說準備。以結論來說，她的演說秘訣就是**整理想法**。以下是部分的訪談內容。

「只要我有想知道的事情，我會尋找網路上數十萬名的社群朋友和離線朋友們。我是那種一有問題就會找出答案的人。舉個例子，中秋節時，我在社群網站詢問『過中秋節時什麼事最累人？』『為什麼覺得很累？』，結果收到超過數千則的留言。閱讀這些有趣留言的同時，我也了解到人們帶著哪些想法。這些都成為我準備課程的靈感和資料。」

她的演說秘訣就是整理想法，也就是蒐集社群網站上已獲得驗證的資料。想要使談話引起共鳴，就要有引起共鳴的內容。將蒐集好的資料以自己的方式編成故事，重組之後發表演說。接下來來看看如何將內容轉為演說：

　　「我的談話不是基於我的理論，而是從人們的實際生活切入。書的內容必須先通過講師的身體，才能灌注言語。如果沒有通過自己的身體，就會很難說出來，就像書本一樣。為了避免表達困難，需要和許多人們接觸。從人們的生活中觀察他們的煩惱，就能充分理解他們的立場。就像這樣，把他人的想法和書的理論，花1、2年的時間通過我的身體，就像從鄰居姊姊那邊聽到故事一樣，可以非常輕易地表達出來。而聽眾也不需要花時間思考我說的話，只要0.1秒就能走入他們的心裡，我不斷努力為了達到這個目標。」

電視主持人金濟東

　　在韓國入口網站NAVER的「知識iN書房」社群，可以看到許多大韓民國的知識份子，人才濟濟。他們全都是透過書籍獲得知識。他們將獲得的知識轉為想法，並化為言語。透過書

籍成為知識份子的例子，就是知名的電視主持人金濟東。

「我的書房是認識人的地方。」

金濟東在國中時期，因為家裡發生事故而搬去和嬸嬸同住，那段時間因為無事可做，他把嬸嬸家書房裡的書全部讀過一遍。他說從那時起，他就像受訓一樣，不斷和書本對話。金濟東的老師，知名的電視人方禹鼎，在某次訪談中回憶起1991年前去拜訪他的金濟東，說當年的他和如今的他一點都沒有改變。

他說總是揹著後背包的金濟東，包包裡永遠裝著三樣東西。筆記型電腦、錄音機、報紙或書籍，把世上所有知識變成自己的財產。結果呢？金濟東的談話總是與眾不同。不經意的玩笑中，蘊含諷刺社會的深意。而他說的字字句句都能成為經典語錄。這份能力來自於平時寫下的備忘錄、閱讀和整理想法的習慣。

整理想法講師福柱煥

筆者也同樣為了演說平時有整理想法的習慣。10年來我每天寫日記和閱讀，並且寫備忘錄。筆者入伍時在訓練所待了三

周左右，發生了「天安艦襲擊事件」，當時訓練所切斷了與外界的一切聯絡，所有士兵們擔心南北韓戰爭即將一觸即發。訓練所不能使用網路和電視，更增添了焦慮和不安，大家認為戰爭可能會爆發，甚至有人躲在廁所裡偷偷哭泣。我把這種特別的經歷寫在日記中，也畫了圖。我描繪和平、自由，寫下想要回家的心情…，我詳細記錄下當時的情況。

時光流逝，我當上了*兵長。我在軍隊裡讀完了267本書，每天思索並維持寫日記的習慣。在軍隊的歲月，我讀完了喬治・歐威爾的《一九八四》，杜斯妥也夫斯基的《罪與罰》等許多與和平自由有關的書籍。

退伍前三個月，連長鼓勵我參加陸軍訓練所舉辦的表達能力比賽，主題是「延坪島炮擊事件一周年」。這是個艱難的主題，還好我利用平常收集的相關簡報和整理想法的習慣，順利完成比賽的準備。尤其我在日記中寫下的天安艦襲擊事件成為很好的素材。當我思索著要如何吸引聽眾時，突然浮現的合唱團體 Brown Eyes 的《一年後》這首歌。我心想，不如一邊哼唱這首歌，一邊開始我的演說。不但能夠吸引聽眾的注意力，一年這個字眼也能符合主題。於是我從歌曲切入，也順利轉換到正題上。

---

* 兵長為韓國軍隊軍階之一，上等兵之上，下士之下。

> 「起初，這個單字，過了幾年之後已經變得不再重
> 要。在這樣的想法之下，已經過了一年。這是Brown
> Eyes的歌曲《一年後》，而延坪島炮擊事件也正好過了一
> 年。」

結果如何呢？800名參賽者中，我獲得了第一名。筆者很有信心地說，我之所以能夠在演講比賽中得到優秀的成績，秘訣就是平常整理想法的習慣。每天寫日記的習慣，每天閱讀的習慣，每天思索的習慣，因而扶植出演說的能力。

培養演說能力的方法就是平時整理想法。時時筆記，記錄想法，這些在日後都將是為演說增添光彩的題材。因此想要擁有演說的能力，就平時細心記錄吧，同時也不要停止讀書和學習，並且每天思索，這就是培養演說能力的捷徑。

> 「努力的人，樂在其中的人，沒有人能勝過他，
> 樂在其中的人，隨時準備的人，沒有人能贏過他。」

用一句話表達你想要說的是「什麼」？

接下來將說明如何為演說整理想法。通常我們在整理想法時，不是按照制式化的順序，而是配合主題，擬定大綱內容，

準備好之後直接進行演說。原因是沒有真正了解如何針對演說整理想法。

就像建築物因為偷工減料而瞬間崩塌，整理想法時如果沒有按部就班，就無法造就充滿自信的演說，也無法獲得你所想要的成果。無論詞藻多麼華麗，如果缺乏核心訊息，對聽眾來說不過只是空虛的回音。

為什麼你想要演說？單純因為想要站在大眾面前嗎？或者遇到不得已的狀況，不得不這麼做？應該有各種需要演說的理由，不論理由為何，當你面臨需要演說的情況時，必須知道一項最重要的事實。對演說來說，最重要的事實就是「找到你想要表達的一句話」。

叔本華在《附錄與補遺》中提到，不經思索所創造的句子會糟蹋別人的思緒。如果核心訊息不明確，便無法達到演說的最終目的，即溝通。無論修辭如何華麗，或數千語句作鋪陳，如果缺乏核心，在聽眾的心中只能留下空虛。

無論你的咬字多麼精準，語調多麼悅耳，只要缺乏核心訊息，就是「毫無意義」的聲音，因為你缺少了「明確語言」。明確語言就是「核心訊息」。因此，整理想法的演說要從選定「核心訊息」開始進行準備。

04 工具⑩整理想法演說的五階段過程

　　來看看什麼是為演說所進行的整理想法過程吧！

　　一般演說過程是簡單由「編寫內容→演說」構成。而整理想法的演說與之不同，是詳細分成五個階段。

　　演說的整理順序是1.決定向誰演說、2.選定想要演說的主題、3.羅列問題，簡略整理要點、4.設計目錄、5.以各種事例豐富內容，再編寫成需要的演講稿。

　　分成不同階段，依序整理想法的過程中，你的想法會逐漸變得具體而明確。為演說而進行的想法整理，就是將你想要表達的一句話予以具體化，並且為明確演說而進行準備的過程。

　　那麼，現在來看看整理想法五階段的應用過程。

第一階段	分析對象和目的	思考演說的對象，以及原因。
第二階段	選定主題	用一句話表達想要傳達的訊息，決定主題。
第三階段	羅列問題	羅列問題，整理大綱。
第四階段	設計目錄	配合序論、本論、結論，設計目錄。
第五階段	編寫內容	以各種事例豐富內容。

第一階段

分析對象和目的：思考演說的對象，以及原因

　　準備演說時，首先必須做的是什麼？初試啼聲的演說家大部分先從自己想要表達的話，也就是演說的主題開始準備，但有一件事必須更早做，那就是「**分析聽眾**」。

　　演說並非單方面獨自完成，而是將想法傳達給聽眾的同時，也必須和對方溝通。因此演說家必須首先思考「向誰演說？」、「為什麼？」。演說失敗的原因之一，就是沒有徹底分析聽眾。相反的，經過分析聽眾的步驟，演說就能引起更大的共鳴和感動。分析聽眾的原因是，需要努力平衡演說者和聽眾的視野高度來進行溝通。

　　分析聽眾大致可以分成兩個階段。第一是具體界定聽眾，第二是找出聽眾所需要的訊息。

（1）具體界定聽眾

　　具體界定出誰是聆聽演說的對象。如果你的演說對象是「學生」，必須以學校為標準將學生分類，可以分成小學生、國中生、高中生、大學生、研究所。小學生再區分出低學年和高學年，國中生和高中生再分成一年級到三年級。大學生則分成專科大學和一般大學，再各分成二年級到四年級。研究所也按照同樣方法來分類。

　　像這樣分類之後，可以知道聆聽演說的對象和團體有不同的知識水準，關心的領域或目的也不一樣。例如，小學生和高中生的知識水準和關心領域不同，高三學生關注升學，而小學一年級生則否。演說的對象也會因為男女性別不同而使得聆聽

氣氛出現差異。男生偏向理性，而女生偏向感性。學生當中也包括充分適應校園生活的人，以及不能適應的人。給予適應學生們的主題和不適應學生們的主題顯然不會一樣，同時也會大大影響演說的方式。就像這樣，分析對象時，必須根據男女性別、人數、年紀、做的事情、喜好和關心領域等，詳細分析和縝密思考。

（2）找出聽眾所需要的訊息

對聽眾來說，為什麼需要聆聽你的演說？必須掌握目的。掌握目的就是思考聽眾必須聆聽你演說的理由。為了擬定演說的地點或活動的初衷，不妨事先詢問活動主辦人需要哪些訊息。

舉例來說，以上班族為對象舉辦有關閱讀的演說時，一定有舉辦活動的理由。可能是「因為上班族需要閱讀」，也可能目的是「培養讀書討論的方法」，或「為了喚起人文古典文學的重要性」。演說家必須確認自己參加的活動目的。對象和目的不同，主題也會跟著改變，而主題改變時，論點結構也會改變。如果你無法決定該表達什麼內容，試著先思考你要向誰傳達訊息，以及為什麼要傳達。如果知道向誰，以及為什麼要傳達訊息，自然就能決定要說出什麼內容。

選定主題：用一句話表達想要傳達的訊息，決定主題

　　分析對象和目的之後，接下來是選定主題。事實上當你決定好想要傳達的一句話是什麼時，就已經完成了一半的演說。因為演說的內容其實就是從一句話逐漸衍生擴大。那麼應該如何尋找主題呢？

　　試著運用第四章介紹的曼陀羅圖。曼陀羅圖是填滿直式和橫式共9格，總計81個空格以幫助想法具體化的工具。首先在最中間四角形的中心寫下演說的主題，接著在周圍的8個空格寫下和主題有關的核心關鍵字，最後在剩下的空格寫上核心關鍵字的次要內容。

　　就像利用好的食材做出美味料理一樣，詞句愈豐富，演說的吸引力也愈大。參考以下的曼陀羅圖，看看如何將「整理想法」的主題具體化。

　　先在中心寫下「整理想法」的主題，接著在周圍的8格寫下和「整理想法」有關的核心關鍵字。我想到的是「閱讀、企畫、工作、工具、問題點、原理、人生、演說」。曼陀羅圖是尋找主題時的理想工具，原因是運用了不知不覺想要將空格填滿的心理，因而浮現各式各樣的點子。

閱讀	企畫	工作
工具	整理 想法	問題點
原理	人生	演說

完成8個核心關鍵字之後，在其餘的空格寫下詳細內容。例如，針對「整理想法」的主題下想到的「閱讀」關鍵字，寫出「空白處閱讀法、後記法、推薦圖書、搜尋閱讀法、閱讀種類、印象深刻閱讀法、閱讀法、閱讀清單」共8個有關的詳細內容，便能更加具體化。

尋找核心關鍵字時，拋開找出好的關鍵字的壓力，可以用多元化的角度自由編寫。因為好的關鍵字會從大量的關鍵字當中浮現。剔除和主題無關的部分，再重新尋找即可。尋找主題的階段中，盡可能想出各式各樣的點子並且記錄下來。保存完善的資料日後能夠和其他點子結合，重新激盪出優秀點子。

第三階段

羅列問題：羅列問題，整理大綱

如果你選定「閱讀」做為演說主題，必須簡略整理出「閱讀」的要點。大綱是將演說主題具體予以延伸的階段。將主題

空白閱讀法	後記法	推薦圖書
搜尋閱讀法	閱讀	閱讀種類
印象深刻閱讀法	閱讀法	閱讀清單

創意	專業技巧	過程
企畫概念	企畫	曼陀羅圖
企畫目的	企畫方法	腦力激盪法

會議	時間管理	工作管理
手冊	工作	組織圖
報告書	提案書	企畫書

心智圖	曼陀羅圖	邏輯樹
問題圖	工具	腦力激盪法
Evernote	人生座標圖	ALMind

閱讀	企畫	工作
工具	整理想法	問題點
原理	人生	演說

不知道原理	不懂得方法	眼睛看不見
想法太多	問題點	缺乏邏輯
複雜的問題	沒有實踐	腦筋不好

羅列	分類	排列
提問	原理	六何原則
右腦發想	左腦整理	整理要點

寫日記	自傳	願望清單
達成目標	人生	思考習慣
筆記	思索	實踐

編寫目錄法	設計邏輯法	編寫內容法
選定主題	演說	整理要點法
編寫序論	編寫本論	編寫結論

延伸為大綱的方法是什麼呢？就是提出「問題」。例如，想要以「幫助人生成長的閱讀」相關的主題來演說時，從各個角度提出和它有關的問題，羅列並整理順序。決定內容的優先順序時，以「我想要發表的順序」和「聽眾想要知道的順序」做為標準。當自己想要發表的順序和對方好奇的順序愈一致，演說愈有邏輯性。請試著思考並試著羅列問題。

①什麼時候需要閱讀？→閱讀的最佳時機

②誰需要閱讀？→需要閱讀的對象

③為什麼需要閱讀？→閱讀的目的

④需要讀什麼種類的書？→書的種類

⑤需要如何閱讀？→閱讀的方法

⑥閱讀的效果是什麼？→閱讀的效果

　　一旦決定出的順序，並不是固定不變，可以根據狀況和目的彈性改變。這裡提供一個訣竅，不妨利用數字來排列順序。編號可以讓問題的走向一目瞭然。決定出問題的優先順序之後，接下來是簡略整理出演說的大綱。由於排列順序的過程中已經形成邏輯，因此可以更具體整理出想要表達的內容。這時不需要有整理到完美的負擔感，大綱自然會按照階段逐漸完成。

　　聽說秋天是讀書的季節，每個人都需要閱讀。說明必須閱讀的理由，以及針對書的種類提出閱讀方法。除此之外，也想說明如何藉由讀書，使人生獲得成長和變化。

設計目錄：配合序論、本論、結論，設計目錄

接下來是配合演說的目的，設計臨時目錄。富有邏輯性和說服性的演說，基本上是由「序論、本論、結論」所構成。通常論述文的結構形式包含序論、本論、結論，而為了構成演說的邏輯性，必須正確理解序論、本論、結論的角色。

那麼為什麼需要序論，本論扮演什麼角色，以及結論的重要性是什麼呢？當然是為了構成具有組織架構的內容。以下是各個結構需要注意的部分。

- 序論：在序論中揭示想要主張的問題，並且說明演說的動機或目的。尤其需要集中思考如何引起人們的好奇心。
- 本論：本論是演說的中心部分，必須以有關主張或主題的證據來構成內容。需要邏輯分明、條理清楚地編寫內容，長度也比序論或結論更長。
- 結論：可以將本論的內容進行重點式整理。簡明勾勒出未來的展望，並且不妨以名言等具感動性的訊息作結。

主題：閱讀改變你的人生！	
〈序論〉	1. 讀書的季節中不閱讀的人們 (1)閱讀的最佳時機 (2)不閱讀的問題點 (3)需要閱讀的對象
〈本論〉	2. 閱讀改變你的人生 (1)閱讀的目的 (2)書的種類 (3)閱讀的方法
〈結論〉	3. 為了改變必須實踐閱讀 (1)閱讀的效果 (2)藉由閱讀而改變的人們 (3)閱讀的實踐方法

從「整理想法」的關鍵字中發掘以「閱讀」為主題的結構，同時予以具體化。建構演說的基本骨架之後，就能進行具邏輯性的演說。目錄是演說的框架。如果你發覺你的演說偏離了邏輯性，那麼就再重新調整演說的目錄結構。

第五階段

編寫內容：以各種事例豐富內容

目錄完成之後，接下來是舉出各種事例來豐富演說的內容。平時就必須收集和演說相關的資料。抱著好奇心觀察周

圍，有許許多多可以做為演說題材的知識和資訊。大致可以從三種來源收集資訊，以下是各自的特點和收集資訊時需要注意的部分。

（1）別人製作的資訊

別人製作的資訊當中，最典型的就是書籍。書是針對某一特定主題的大型數據，這種說法一點也不為過。如果能找到和演說主題有關的好書，就能一舉取得許多資訊和知識。除此之外，從網路報導、論文，及各種影片資料、電影、電視劇等媒體內容也能獲得資訊。

像這種別人所製作的資訊特點是容易取得，但由於大多屬於主觀強烈的資訊，必須在目的明確並保持客觀的前提下尋找。此外，引用資訊時必須注意載明出處，避免引發智慧財產權問題。

（2）存在於現場的資訊

三種資訊來源中，信任度最高的資訊就是「存在於現場的資訊」。然而這種資訊是指眼前的事實，專業度較低。即使如此，如果將現場親眼所見的事實好好整理，作為相關的佐證，就能使演說內容與眾不同。

收集現場的資訊時，有一點需要留意，就是必須採取事實導向，並且標準明確。

（3）個人保有的資訊

三種資訊來源中，專業度最高的就是個人保有的資訊，包括自身的經驗、想法和想像等。個人所保有的資訊是專屬於自己的知識，優點是具有高度專業性。但具有難以普遍化的限制。因此為了在演說時引用個人保有的資訊作為證據或事例，需要和聽眾建立相關的共識。相對來說，當聽取某人的經驗時，也必須尊重對方的專業度。

演說所需的各種資訊可以作為強調論點的事例、統計、證明等，簡而言之，就是形成演說的豐富內容。想要提高演說的公信力，除了個人的想法之外，最好能夠結合別人製作的專業知識和現場的事實。現在針對「讀書」的主題，看看目錄中需要編寫哪些內容。

像這樣完成具邏輯性的結構之後，要表達出來就不難，只要為骨架注入生命力即可。因為以邏輯組成結構，便不會迷失方向，能夠進一步增添內容。如果你是初試啼聲的演說家，大多會從編寫內容開始著手，但這樣一來可能會偏離核心，演變成長篇大論。首先構成邏輯之後，以目錄中「讀書的目的」試

寫看看，如何將結構化的內容轉為演說的講稿。

〈閱讀的目的〉

● 為了滿足快樂和好奇

● 為了累積新知識和資訊

● 為了擁有更快樂且成功的人生

「我們必須閱讀的理由是什麼呢？閱讀的理由有三種。第一是為了滿足快樂和好奇而讀書。我們藉由閱讀的過程，可以獲得平常所關心的新知識，而閱讀小說時，也能獲得和主角感同身受的樂趣。

第二個理由是為了累積新知識和資訊。閱讀就像某一特定主題的大型數據，蘊含大量的資訊和知識。每讀一本書，就能感受到知識的豐富無涯。

第三個理由是為了豐富我們的人生。我們的人生僅此一次，無法重來。透過讀書，可以感受並體驗他人的想法和生活，這也是一段珍貴的時光。閱讀的過程中，我們能夠感受共鳴、安慰和快樂。」

主題：（暫定）閱讀改變你的人生！		
〈序論〉	1. 讀書的季節中不閱讀的人們	(1) 讀書的最佳時機 —為什麼秋天是閱讀的季節？ —任何季節都可以閱讀 (2) 不閱讀的問題點 —OECD 國家的閱讀調查 —國民閱讀調查結果，「韓國人3名當中有1人每年讀1本書」 (3) 需要閱讀的對象 —對全體國民來説都需要閱讀 —尤其對希望成長和改變的人來説更是需要
〈本論〉	2. 閱讀改變你的人生	(1) 閱讀的目的 —為了滿足快樂和好奇 —為了累積新知識和資訊 —為了擁有更快樂且成功的人生 (2) 書的種類 —帶來幸福、快樂和感動的書 —日常生活的實用書籍 —暢銷書、長銷書和人文古典書籍 (3) 閱讀的方法 —思索閱讀 —整理閱讀
〈結論〉	3. 為了改變必須實踐讀書	(1) 閱讀的效果 —刺激額葉，讓頭腦變聰明 —培養獨立解決問題和思考的能力 —拓展看待世界的視野 (2) 藉由閱讀而改變的人們 —丁若鏞（哲學家）、張漢娜（大提琴家兼指揮家）威爾·史密斯、比爾·蓋茲等 —以自身的改變經驗為例 (3) 閱讀的實踐方法 —製作閱讀清單 —做閱讀筆記 —只要持續讀書，你也能夠改變！

像這樣，在想法整理演說的五階段過程中完成邏輯性的結構之後，現在開始請你思索如何將精心準備的演說表達出來。配合咬字、語調、聲音、手勢等非語言溝通，試著進行一場演說吧！歌手為了在台上唱一首歌，背後練習了數千、數萬次，而演說也必須像這樣練習。努力絕不會背叛你，亞伯拉罕·林肯曾經這樣描述「準備」。

「若給我時間砍一棵樹，我會把80%的時間拿來磨利斧頭。」

如果給你時間準備演說，你會從哪裡開始著手？必須先從整理想法開始。**想法整理得愈完備，你的心中愈能衍生自信。**演說的自信源自於「自身」對於要傳達些什麼捕捉到「靈感」時。言語透過整理和修飾愈顯得精巧俐落，並且富有力量。

你的一句話能夠說服別人，成為他人的希望，也可能改變某個人的人生。那句話就是「真誠」。我們演說的理由不就是為了傳遞真誠嗎？藉由整理想法的演說五階段，希望你可以完成傳達真誠的演說。演說力提升就是整理想法的回報！

Case Study | 韓國歷史專家 薛民植的演說分析

　　韓國有一位非常擅長演說的知名講師，就是薛民植老師。

　　他的演說有什麼特色呢？首先是非常流暢，因為他能夠簡明俐落地摘要核心資訊。即使是艱澀的韓國歷史，他也會用每個人都能輕鬆理解的方式說明。再加上薛民植老師擅長運用電腦繪圖（Computer Graphics）來講課，像電影一樣趣味橫生，因此《鳴梁》、《國際市場》、《仁川登陸》等韓國著名的電影都找他為宣傳操刀。聆聽他的歷史講座，感覺就像觀賞一齣電影一樣。他並不是有意說服大眾，卻自然成為令人心悅誠服的演說。

　　薛民植老師的演說秘訣是什麼呢？一言以蔽之，秘訣就是**「整理想法的演說」**。只要仔細分析他的演說稿，就會發現蘊含了不得不令人臣服的完美邏輯和豐碩內容。

　　我嘗試分析曾廣受歡迎的《薛民植的泡菜歷史講座》，了解薛民植老師如何整理想法並轉化為演說。希望你能透過以下的例子，了解想法整理的演說五階段如何進行。

《薛民植的泡菜歷史講座》的演說過程分析

1）對象和目的分析：思考演說的對象，以及原因

喜愛泡菜的大韓民國國民，需要泡菜冰箱的主婦

2）選定主題：用一句話表達想要傳達的訊息，決定主題

現今為了吃到好吃的泡菜，必須購買泡菜冰箱。

3）羅列問題：羅列問題，整理大綱

- 民族過去的醃菜文化？
- 以前冬季時醃菜的方法？
- 祖先們將泡菜埋在地底下的理由？
- 現今不能把泡菜埋在地底下的問題點？
- 現代的醃菜方法？
- 介紹泡菜冰箱產品和特點？

　　過去祖先們在寒冷的冬季將泡菜埋在地底下，是為了維持一定的溫度來保存。然而現今時代改變，習俗也變得不同，無法再把泡菜埋藏在地下保存。為了醃菜，於是需要泡菜冰箱。介紹今日社會需要的泡菜冰箱，並針對必須購買的理由具體說明。

4）設計目錄：配合序論、本論、結論，設計目錄

主題：為了吃到好吃的泡菜，必須購買泡菜冰箱！

〈序論〉	1.説明過去的醃菜文化 (1)起初開始食用泡菜的時機 (2)冬季時的醃菜方法 (3)祖先們將泡菜埋入地底下的理由
〈本論〉	2.現今醃菜的問題點和解決方法 (1)不能將泡菜埋入地底下的問題點 (2)醃菜的方法 (3)泡菜冰箱的必要性
〈結論〉	3.介紹自家公司的泡菜冰箱 (1)產品介紹 (2)產品特點 (3)銷售廣告詞

5）編寫內容：以各種事例豐富內容

主題：為了吃到好吃的泡菜，必須購買泡菜冰箱！

〈序論〉	1.説明過去的醃菜文化 (1)起初開始食用泡菜的時機 —2000年前三國史記神文王篇中首度出現醢（泡菜）的用語 (2)冬季時的醃菜方法 —新羅時代將泡菜放入石甕（用石頭製成的甕）中，埋入地底保存 (3)祖先們將泡菜埋入地底下的理由 —能夠維持一定溫度的天然空間

〈本論〉

2. 現今醃菜的問題點和解決方法
　　(1)不能將泡菜埋入地底下的問題點
　　　　—時代改變，習俗也變得不同，很難將泡菜埋在地底
　　　　—即使有庭院，也會蓋成大樓，不會在地底埋泡菜
　　(2)醃菜的方法
　　　　—出現泡菜冰箱，能夠在家裡保存泡菜
　　(3)泡菜冰箱的必要性
　　　　—維持一定的溫度
　　　　—革命性地重現地底下的環境
　　　　—有泡菜冰箱，就能醃菜

〈結論〉

3. 介紹自家公司的泡菜冰箱
　　(1)產品介紹
　　　　—自家公司的泡菜冰箱裝載冷媒素材
　　　　—就像埋入地底一樣，可以常保清脆和美味
　　(2)產品特點
　　　　—涼爽的隔架、帷幕、包覆、抽屜
　　(3)銷售廣告詞
　　　　—泡菜蘊含祖先們的地底智慧，把這份智慧放進我們的泡
　　　　　菜冰箱，連擔憂也一併埋藏吧！

　　了解薛民植老師的演說架構之後，現在就參考想法整理的演說五階段過程，試著編寫出你的演說稿吧！希望你也加入非語言溝通技巧，共同打造成功的演說。

整理想法具有
改變人生的力量

減重	寫日記無法 持久的理由	回憶過去 日記
設計未來 日記	**第七章 人生**	人生實踐 目標
想法的 大數據	人生座標圖	願望清單

O1 人生整理技術的三種工具

📑 思索並整理人生的時間

　　我經常苦思，該如何透過想法整理技巧來啟發聽眾。想法整理的範圍相當廣泛，根據焦點的不同，可以是提升工作能力的方法，也可以是擅長讀書的方法。這一章當中，筆者想要分享過去10年來藉由寫日記和整理想法所領悟到的想法整理技巧。

　　幸福指數全球第一的丹麥，擁有一種稱為「Efterskole」的獨特教育系統。Efterskole是一種人生設計學校，14～18歲之間的丹麥青少年在進入高中之前，會在Efterskole接受一年左右的教育。這裡的學生們在這一年當中會短暫脫離學科，擁有思考自己人生和出路的時間。這段期間，學生們會發現自己生存的意義和人生的夢想。

　　我們是否也需要這樣的時間？也就是整理和設計自己人生的時間。有時因為忙碌，有時因為疲憊而延宕的人生整理時間，就透過這一章來擁有它吧！

　　那麼，現在就一起來了解「改變人生的力量——人生整理技巧」吧！

人生整理技巧的三種工具

　　我們眼前有改變人生的「人生整理技巧的三種工具」。具有顯著效果的三種人生整理技巧工具是什麼呢？

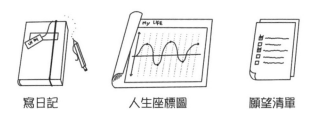

寫日記　　　　人生座標圖　　　　願望清單

　　三種工具中的第一種是**寫日記**。日記是能夠思考過去、現在和未來，並且加以整理的有用工具。寫日記雖然很簡單，但如果沒有掌握方法或實踐力不夠，就很容易放棄。寫日記無法持之以恆的理由是什麼呢？從來沒有人教過的寫日記的方法是什麼呢？這一章我將會仔細說明。

第二種工具是**人生座標圖**。人生座標圖是將過去的大方向整理成一頁紙張，具有一目瞭然的優點，也是繪製人生大數據的過程。一旦製作出人生座標圖，就會看見自己的面貌。人生的大數據，不覺得很有意思嗎？

第三個工具是**願望清單**。願望清單是訂立未來夢想的工具。願望清單的核心是檢查表，重要的是從小事情開始實踐。現在就透過願望清單，試著勾勒你的美好未來吧。

「寫日記、人生座標圖、願望清單」這三種工具的特點是簡單易瞭，但都是能夠改變人生的強大工具。重要的是實踐，必須培養每天持續反覆練習的習慣。希望你能藉由這個機會，培養屬於你自己的美好人生習慣。

O2 工具⑪撰寫日記

無法持之以恆的原因

　　每個人都會在年初時寫下一兩個能夠自我成長的挑戰。減重、讀書、世界旅行等，而不可或缺的其中一項就是寫日記，因為寫日記是對人生有所助益的好習慣。

　　寫日記能幫助整理複雜的思緒，也是能夠和自己對話的有用工具。同時在記錄並整理過去的過程中，也能調整人生的方向。不只如此，寫日記也是幫助達成夢想的強大工具。問題是雖然許多人都嘗試寫日記，但大多數的人最後都失敗了。我們寫日記無法持之以恆的原因到底是什麼呢？放棄寫日記的原因有下列幾項：

「寫日記太麻煩。」
「不知道為什麼需要寫日記。」
「不知道寫日記的方法。」
「認為寫日記沒有效果。」

　　寫日記無法持之以恆的最大原因之一，就是覺得麻煩。寫日記會占據原本就忙碌不已的時間，因此覺得有壓力。一兩次以忙碌為藉口而不寫日記，之後就會心生疑問，認為寫日記不是那麼必要。再加上從來沒有學過寫日記的方法，只覺得茫然無頭緒。寫日記時停停走走，也就更看不見寫日記的效果。

　　筆者不間斷地持續寫日記，讓我的精神層面更加豐富，人生更快樂，同時也更貼近我所規劃的未來。持續10年的親身實踐經驗，我非常肯定寫日記會改變你的人生，並使你獲得成長。如果你有任何煩惱，無論煩惱多小，或是有想要達成的夢想，那麼我建議你不妨現在就開始寫日記。

日記要寫在哪裡？

　　下定決心要開始寫日記的你，首先需要思考的是「日記要寫在哪裡」的問題。寫在數位工具或模擬工具都好，無論哪裡

都可以，只要根據目的和情況使用即可。這兩種筆者都試過，各有特點。

　　首先為了保管和攜帶方便，模擬工具以A5左右的尺寸最佳。日記本的種類分為普通筆記本和日記筆記本，根據使用目的來選擇即可。普通筆記本適合思索用途，方便將自身的想法寫成長篇文章。日記筆記本則適合管理日程的用途。如果寫日記的目的是記錄一天所發生的事情和對未來的想法，最好寫在普通筆記本上。而如果目的是為了達成目標，建議使用日記筆記本。

　　書頁的空白處也是寫日記的空間。當閱讀書籍時，如果發現可以做為寫日記的題材，這時不妨立刻寫在書頁空白處。把日記寫在書本中如何呢？記錄本身就獨具意義不是嗎？模擬工具的優點是在用手記錄的過程中，能夠刺激大腦。加上用筆記錄時，雖然修正不易，但正因如此，才會字字句句慎重斟酌思索。

　　另一方面。數位工具的優點是能夠自由修正。一般來說，可以利用電腦、手機和私人的不公開部落格，或利用Evernote等專業記錄程式。這裡提供一項祕訣，可以利用手機將紙本記錄的日記拍照起來，上傳到Evernote。Evernote可以分析出圖片中的文字並記錄，非常方便。像這樣利用數位工具來寫日記，好處是不受空間限制，可以汲取腦中所有繁雜的思緒，比

模擬工具能記錄的量更多，並且容易保存，也能查詢內容。

　　「模擬工具vs數位工具」，你想要在哪裡寫下日記？那是你的選擇。想要更有動力的話，可以選擇漂亮的日記筆記本；覺得數位工具很方便的話，可以自由選擇電腦或手機。有一點請不要忘記，比起工具，記錄本身更重要。什麼是寫日記？就是在工具上記錄你的人生。因此能夠長久保存，可以隨時回顧的空間，就是寫日記的最佳空間。

拋開必須寫出好文章的強迫觀念

　　寫日記最令人感到負擔的就是寫作能力。我身邊就有認為自己不擅長作文而放棄寫日記的人。看到因為這個原因而放棄的人們，我真的感到很惋惜。

　　寫日記時，寫作能力真的很重要嗎？總結來說，並非如此。因為日記不是寫給別人欣賞的文章。當然小時候寫過給別人看的日記，老師會在日記本寫上「寫得很好」的評語，或把某些句子圈出來評論。但每天的日記作業是真實的日記嗎？答案是否定的。為了給別人看而寫的日記，全是假的日記。真正的日記是為了自己而寫。

　　因此寫日記時，我的建議是「**埋頭猛寫**」。不用擔心拼字正確與否，文法不順也沒關係，因為日記不是文學作品。將腦

中浮現的思緒按照順序自由記錄，不知不覺就能完成。

　　寫日記是和自己的對話。和別人見面聊天時需要衣著打扮，談吐也要具備禮儀，但和自己對話時，不會有這種負擔。通常寫日記會有壓力的原因在於，把寫日記當成和別人見面。請拋開壓力，試著和自己對話。需要專注的是自己的內在，必須進入最深層的內在。

　　如果希望日記寫得好，就必須拋開寫出好文章的強迫觀念。如果想法不夠坦率，就果決地抹去，把真實的想法永遠記錄在日記中。日記是裝載你的真誠想法，只要謹記「這個日記內容夠坦率嗎？」，就是寫日記的標準。

明確記錄時間和地點

　　什麼是寫日記的必要元素？答案很簡單。

　　　「何時（時間）、何處（地點）、做了什麼（內容）？」

　　時間、地點、內容，只要記住這三者即可。寫日記時記錄時間和地點，其重要性等同內容。

　　時間是了解自己進步多少的標尺。筆者會定期重新檢視過去的日記，在印象深刻的句子畫上底線，也會寫上感想。寫感

想時，重點是記下思索的時間。參考以下的內容，了解思考如何演變。

- 極其艱辛的狀況，束手無策。（2012/10/12 23:10）
- 那時怎麼會這樣做？難道沒有其他選擇嗎？（2013/2/9 20:36）
- 現在我才終於了解那時的狀況，也知道了解決的方法。（2015/1/5 21:32）

　　如果沒有紀錄時間，就無法得知想法的轉變，因為想法肉眼看不到。在日記上寫下感想並記錄時間，便成為和過去的自己對話的痕跡。除此之外，也能知道自己的想法如何成長和進步，因此寫日記就是和自己的對話。重新檢視日記時，腦中將會浮現許許多多的想法和思緒。如果想法沒有記錄下來，便會稍縱即逝，請試著在浮現想法的瞬間記錄時間和感想吧！

　　第二個要素是記錄地點。寫下地點的好處是，能夠幫助記錄那裡所發生的一切狀況。事實上，提升記憶力的方法之一就是記下地點。大腦喜歡把資訊「地點化」，這是記憶啟動的基本原理。大腦會盡可能時時刻刻將資訊「地點化」，把資訊放置在某個特定的地點。寫日記的目的之一就是記憶，我們為了記憶而做記錄。寫下「地點」之後，就能夠長久記憶。

了解寫日記時，記錄時間和地點的重要性之後，現在針對內容來說明。

正面用語比負面用語更好

　　應該寫些什麼內容呢？如果隨心所欲寫日記，很容易寫下許多負面用語和句子，因為人生既辛苦又孤單。筆者也是，當我重新翻閱過去寫的日記，發現自己充滿了悲觀和負面的想法。

> 「我為什麼這麼不爭氣呢？」
> 「那個人多麼成功，為什麼我這麼不爭氣？」

　　筆者曾經有一段時間寫下的日記充滿了許多負面用語，每當我看到這些內容，就會快速略過翻到下一篇。因為可以強烈感覺到當時的那種負面感受好像又再次出現。為什麼會有這麼丟臉又懦弱的想法，我甚至好幾次撕掉了日記紙。某些日子裡，我充滿對別人的責備和埋怨。憎恨、厭惡、憤怒、嫉妒等負面情緒化為犀利的字句。為了消除壓力而長期寫日記的過程中，我產生了一種想法。

「寫日記到底是為了什麼？」

　　我領悟到，所謂的日記並不是單純為了消除壓力。日記是和過去、現在，以及未來的自己對話。而唯一能夠閱讀我日記的人，就是我自己。於是我想，不如多多寫下好的想法和正面的想法。當然人生中不可能沒有負面的想法。但是我相信，只要努力，負面想法也能轉為正面想法。《活出意義來》的作者維克多·弗蘭克不是說「人生有自由選擇正面和負面的餘地」嗎？我下定決心要選擇正面，而不是負面。從那時起，我的日記內容完全改變了，形成能克服負面的正面模式。

　　這種模式非常簡單。如果寫下了負面的狀況，就緊接著記錄正面的內容。來看看以下的例子：

「好累」→「雖然目前很辛苦，我可以克服」

「好想放棄」→「我將不會放棄」

「真的做得到嗎？」→「我一定做得到」

「我能力不夠」→「雖然能力不夠，但以後我會進步」

「那個人怎麼這樣？」→「我要和他拉近關係」

「真是茫然」→「為了解決這個問題，應該怎麼做？」

「我沒有自信」→「我現在需要怎麼做才能增加自信？」

　　就像這樣，把負面的內容轉變成正面內容的方式來寫句子。舉例來說，就像在「好累」的後面寫下「雖然目前很辛苦，但我可以克服」。後方可以自由寫下「即使如此，我也會～」等預言，及仿照「為了解決這個問題，應該怎麼做？」，而寫下「～應該怎麼做？」。如果持續運用這種模式來寫日記，你的負面樣貌就會逐漸消失，漸漸地出現正面樣貌，同時也會成為一種習慣。

　　寫日記的價值就從此刻開始真正浮現。日常生活當中，你就會無意識地採取正面思考的模式，以正面的態度看待負面狀況，也會從沒有解答的情況中，思考出方法。結果你思考的幾乎所有的事情都能順利進行。這就是文字的力量，正面的思考自然會帶來正面的行動和結果。

　　如果寫日記時出現負面想法，記得寫下一句**「如何克服這種情況呢？」**，將能幫助你的想法和人生從負面轉為正面。

寫日記是為了保存過去的回憶

　　寫日記的目的分成保存過去回憶，以及為了規劃未來。

　　通常我們是為了保存回憶而寫日記。開學典禮、運動會、畢業、生日、婚禮、海外旅行等，這些都是人人希望保存的時刻。我們會透過照片、影片和日記來記錄每個瞬間。筆者高中

時參加的校外教學、第一次看舞台劇、入伍服兵役等，至今我幾乎將所有回憶都寫在日記裡。當我重新翻閱過去的日記，當時的情景栩栩如生。雖然歲月已逝，無法重現，但是能透過日記重溫美麗的時光。如果沒有記錄下來，那些時光我可能連想都想不起來了，因此我真的覺得好幸運。

有一段時間，我苦思著有沒有比日記更能夠具體記錄的方法。我希望能像照片一樣栩栩如生地記錄下來。就在某一天，偶然間讀到了一本短篇小說讓我十分震撼，心想：「原來可以把一天這麼鉅細靡遺、寫實描寫出來啊！」

那本小說就是索忍尼辛的《伊凡·傑尼索維奇的一天》。這部作品詳細描寫了索忍尼辛在勞改營的親身經歷。而《伊凡·傑尼索維奇的一天》居然可以寫成190頁的短篇小說，這一點讓我十分驚訝。因為我的日記當中最長篇幅的內容大概只有10張左右的A4紙。

然而筆者十分清楚，我們無法用千萬書頁道盡人的一生。因此每一天的生活我們都必須珍惜，並將其中最珍貴的部分盛裝在日記裡。

你今天一天當中最珍貴的時刻是什麼時候呢？如果你已經想到了，那麼就立刻寫進日記來珍藏回憶吧！

寫日記是為了創造並準備未來

如果保存回憶的日記是屬於過往日記，那麼夢想並規劃未來的記錄就是未來日記。

人們寫日記通常是為了記錄過去和現在，而筆者是為了創造未來而寫日記。我一開始寫日記的原因是夢想，為了記錄並達成夢想才開始寫日記。

我國中二年級參加校外教學時，有一場專長表演。我看著站上舞台，手握麥克風的某位講師，那一瞬間我深受吸引，因為好像看見了自己未來的樣子。他揹著木吉他，一手握著麥克風開始講話。他的每一句話逗得大家又哭又笑，時而帶來感動。牽動聽眾情緒的他是一位娛樂講師。對學生時期內心空虛不已的我來說，當時第一次感覺到心臟猛烈跳動。我的夢想飄然而至。

「我也要成為演說撼動人心的講師！」

從那之後，我一心嚮往著我的夢想。不知道是誰說過，愛使人想要了解對方，而了解使人想要更快看見對方……我對於自己看見並感受到的未來夢想，不斷想要更了解它，也想要更快看見那個達成夢想的未來自己。

「如何能夠達成夢想？」

「為了達成夢想，應該唸哪一所學校？」

「應該如何準備？」

「為什麼我一心想要達成那個夢想？」

「我真的做得到嗎？」

　　無法負荷的許多問題和想法不斷湧現。問題在於想法和疑問不經整頓，使得腦中一片混亂。

　　即使出現好的創意，也因為沒有記錄下來，時間一久自然就遺忘。我感覺自己發掘的夢想，有可能從記憶中消失，為此感到焦慮和恐懼。因為這就等於我的未來消失。

　　為了記住我的夢想，我開始寫日記，同時也為了達成夢想而描繪未來。從那時開始，我的日記充滿了關於夢想的疑問和回答。「講師」這個名詞，在我的日記裡出現了數千次。即使是無法當下解決的問題，也隨著時間過去而找到了答案。一年前看似無解的問題，三年之後獲得解決；殷切的盼望在過了五年、十年之後達成，這些我都親身經歷了。切切實實勾勒夢想就會達成，這句話一點也不假。

　　美國知名的喜劇演員兼電影明星金凱利有過這樣一則趣聞。當時還默默無名的他找來一張支票紙，寫上1995年感恩

節之前將獲得1,000萬美元。這代表他立下了誓言和目標，到那時要成為片酬1,000萬美元的演員。金凱利將這張支票放在皮夾裡隨身攜帶，一有時間就拿出來看，遇到困難也努力克服。就在1995年他演出電影〈摩登大聖〉，這部電影成了他的代表作，而他也因此得到超過1,000萬美元的片酬。

你的夢想是什麼呢？不要只在腦中空想，把它寫在每天的日記中吧！寫日記的過程中，夢想會逐漸變得具體。你所記錄的內容，將在不知不覺中全部達成，這樣的體驗會在某一天來臨。

透過日記，創造屬於你的未來吧！

🗒 把每天必須實踐的人生目標記錄下來

寫日記的最終目的是什麼呢？雖然寫日記的原因有好幾種，但最終目的是為了達成我們的人生目標。日記是人生的指南針。當我們徬徨時，日記能幫助我們尋找方向，並思考出更好的方法。

我人生中最感徬徨的時期是21歲那年。我還記得那一年的冬天非常寒冷。我的父親因病去世，家境驟變。陷入徬徨沒有多久，我收到了入伍通知。在我絕望無助時，有人指引了我人生的方向，那就是我的高中級任導師。

老師勉勵我，入伍之後要訂下四個努力的目標。他說，只要不間斷地實踐，我的目標和夢想終將達成。是哪四個目標呢？

「身言書判」

身言書判是中國唐朝時期官吏選拔中的考核標準，指的是身（體貌）、言（言辯）、書（筆跡）、判（判斷）四種準則。現在也是作主播須具備的四種資質。

我苦思著，該如何才能實踐老師說的目標呢？首先我把身言書判詳細區分如下，再製作檢視清單，每天審視自己是否確實做到。

- 身：運動（每天持續跑步1小時，並做100個伏地挺身）
- 言：讀書（當兵期間讀300本書）
- 書：筆寫（練習用筆寫字），學習漢字（學1800個字）
- 判：每天思考（將思索的內容寫入日記）

21個月的軍隊生活，我每天利用私人時間實踐這四個目標，因為我很確定這就是我的方向。我每天跑步，閱讀，一有時間就練習用筆寫字，沉澱心靈，一方面也學習漢字，不斷認識新單字。同時我也思考「我是誰」、「要過什麼樣的生活」、「我為什麼活著」等關於人生的重要問題，並記錄在日記中。就像莎士比亞說的，被困住的火苗燃燒地更加劇烈。因為努力，我產生了自信心，因為反覆實踐，我開始累積實力。就這樣過了21個月，成果令我大吃一驚。

- 身：每天鍛鍊的結果，我被選為陸軍部隊的特等戰士。
- 言：雖然沒能達成300本書的目標，但讀了267本。
- 書：我的字跡愈來愈進步，也領悟了漢字。
- 判：我在表達能力演講比賽中拿下第一名，也得到了小隊長的表揚。

　　老師告訴我的「身言書判」成為我人生的目標，至今仍持續實踐。每當覺得疲累辛苦時，我就會翻閱當兵時期寫下的日記，藉此得到力量。因為記錄得以實踐，也終能達成目標。

　　你的日記寫了什麼樣的目標呢？試著具體寫下屬於你的夢想和目標，每天記錄成長過程吧。某一刻你將發現自己成長的幅度，等同你所記錄並實踐的幅度。請把為了夢想而成長的紀

錄寫在日記裡，每天不斷地進步吧！

透過寫日記形成想法的大數據

　　即使是日常小事，只要記錄下來，就會衍生價值。我會在日記裡寫下非常瑣碎的日常小事。反覆的日常生活中，雖然覺得日復一日，大同小異，但其實每天都是新的人生。如果把每一天「有記錄的價值」的事情詳細寫在日記中，這些記錄累積起來，不知不覺就會形成龐大的想法大數據。

　　筆者以日記為基礎，製作人生座標圖。一個月一次，六個月一次，一年一次，分析過去所寫下的日記走向。這個過程可以發現自身想法的演變方向，也讓我客觀地觀察自己是誰，以及從何處走向何方。如果分析經常使用的單字，就能知道我偏好的用語和心理狀態。

　　筆者在製作人生座標圖的過程中，發現了一件神奇的事。當我思考某一個主題時，通常會持續三周。例如說，我對讀書產生興趣時，會連續三個星期保持關注，而時間一過，我就轉而對運動產生興趣。像這樣經過三周之後我的關注度會降低，轉而對其他主題產生興趣。

當我發現自己擁有關注週期之後改變的部分是，開始能夠預測自己的心理和行為，並且預做準備。舉例來說，我訂下持續運動一年的目標。但是我能事先預測，過了三周之後我會對其他事情產生興趣，而對運動的熱情減退。在放棄的情況出現之前，我先重新設定我的目標以防患未然。這種方式也讓我能夠維持我既定的人生目標。

一目瞭然的寫日記方法

日期：2017年1月1日22：00	地點：我的房間

標題：用一句話陳述內容要點！

〔內容指南（過去）〕

- 利用手寫或數位等方便的工具寫日記。
- 寫日記時不要在意句子的結構和拼字。
- 自由、具體、真誠地撰寫。
- 謹記日記需要記錄時間和地點。
- 多多使用正面用語取代負面用語。
- 寫下值得記錄的珍貴事情。
- 想像自己所希望的未來樣貌並且記錄下來。
- 寫日記是為了達成目標。
- 持續寫日記會形成人生的大數據。
- 寫日記是改變人生的想法整理力量。
- 現在就開始培養寫日記的習慣。

〔內容指南（未來）〕

- 「即使如此，也要～」，用未來式寫日記。

瑣碎的日常小事累積起來就能形成想法的大數據,而能夠分析這種數據的工具就是人生座標圖。**那麼應該如何製作人生座標圖呢?關於寫日記的部分告一個段落之後,接下來將針對人生座標圖的主題進行解說。**

03 工具⑫人生座標圖

　　了解寫日記的重要性之後，現在開始將說明製作人生座標圖的方法。人生座標圖的繪製方法相當簡單，卻是能夠一頁整理人生的特別工具。透過人生座標圖可以分析自己的心理和日常模式。

　　如果你有持續寫日記的習慣，繪製人生座標圖就能很快上手。因為我們就是利用日記的內容作為基礎，來製作人生座標圖。但並非沒有寫日記的人就無法繪製，可以慢慢回想腦中的記憶，隨著心情的走向來繪製圖表。那麼，現在就來了解人生座標圖的製作方法吧！本書附錄中也收錄了人生座標圖的格式可供參考。

繪製人生座標圖的三個階段

製作人生座標圖的方法相當簡單。設定圖表的期間，加入核心關鍵字之後，將點與點相連即可。完成人生座標圖後，試著分析內容吧！

人生座標圖〔現在〕

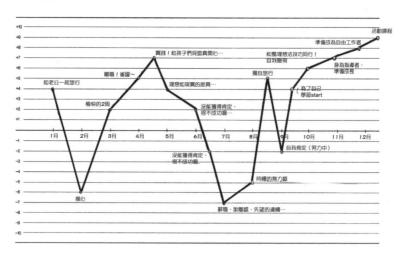

（1）第一階段—設定人生座標圖的期間

　　首先需要做的是決定人生座標圖的期間。先設定要整理從出生到現在的時間，還是過去一年，或按照月份整理，或者一天的圖表。接著在X軸自由寫下時間區別，例如以一年為基準時，區分成1月、2月、3月等。

（2）第二階段—加入核心關鍵字並標點

　　人生座標圖的X軸代表時間，Y軸代表情緒指數。決定期間之後，在時間上寫下核心關鍵字並標點。Y軸以0為中心，0以下代表不幸福的指數，愈往0以上代表幸福指數愈高。情緒指數按照自己的主觀想法來決定即可。

（3）第三階段—點與點之間相連成線

　　最後的步驟是將點與點之間相連成線。《愛，要及時》的作者高道原提到：「小小的一點是偉大的開始」。意思是小點與小點累積起來會串連成線，形成我們人生的藍圖。來看看點與點相連之後，如何完成人生的藍圖吧！

分析你的幸福指數

　　人生座標圖不是畫給別人看，而是為了**分析自己和人生的方向**。因此不需要有畫得完美俐落的壓力。

　　人生座標圖完成之後，現在就來分析幸福指數和不幸福指數。找出 Y 軸中幸福指數最高點的內容，可以得知「最快樂的時間是什麼時候」和「因為什麼事情變得快樂」。而從 Y 軸中不幸福指數最低點的內容可以了解「令我難過的因素」。

　　例如，當 Y 軸幸福指數最高點的關鍵字主要是與人際關係有關的事情，就代表我的幸福主要來自於人際關係。如果關鍵字圍繞在「成果」時，就代表一個人在出現「成果」時能夠獲得快樂和喜悅。

　　像這樣明確分辨出「喜歡的事情」和「討厭的事情」之後，在設定人生方向時就顯然成為助力。希望你能藉由人生座標圖發掘自己，繪製的過程也能成為你思考人生的時間。

人生座標圖的繪製範例

人生座標圖〔過去〕

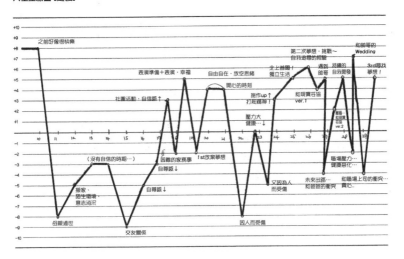

　　我曾經為想法整理學院的一期會員舉辦人生座標圖的講座。我引用InJin會員的人生座標圖為例子,可以和後記一起參考,並試著繪製你的人生座標圖。

　　為了回顧自己,我參加過許許多多的活動。我原本以為這不過又是另一場回顧活動之一,但完成人生座標圖之後,我感覺好像看完一場名為《我的人生》的電影,彷彿中場檢視自己的人生。過去所造就出的我,要如何度過今年?我希望怎麼度過剩下的時間?我是否受困於過去的桎

梏？我是否只享受當下？還是一心嚮往未來，拋棄眼前？
我開始用各種角度思考自己。今年剩下的時間裡，對我來
說重要的是…。我也對時間產生了一股使命感。

　　我從人生座標圖中發現到自己的人生關鍵字是「長
處」和「關係」。

　　第一個是長處，我擅長而樂在其中的事情是什麼呢？
為了尋找這個問題的答案，我嘗試了許多次。當我觀察
幸福指數時，發現核心在於「我是否發揮長處」。在各種
經驗中，當能夠發揮我的長處時，我就感到幸福並記憶猶
新。相反的，在不幸福指數中，核心在於「無法發揮長
處」，或「發揮了長處卻沒有獲得肯定」。

　　第二個是關係，幸福指數的核心是「穩定的關係」。
所謂的關係範圍很廣，這裡指的是「家人」。我寫下了我
和先生第一次相遇和結婚的時間，因為先生的陪伴，使我
變得安心和穩定。

　　像這樣整理之後，我就明白自己應該做能發揮長處的
事情，藉此增添幸福感，同時在兩性關係的部分也不疏於
經營，避免出現不幸福指數。我也體認到雖然兩性關係並
不是光靠我一個人經營，但我確實需要付出努力。原來我
能夠創造我的人生，我的圖表使我產生這股積極的意志！

04 工具⑬願望清單

創造未來的願望清單

如果人生座標圖是整頓過去的人生走向，那麼願望清單則是幫助規劃未來夢想的工具。願望清單的英文原名是「Bucket List」，「Bucket」是水桶，「List」是清單的意思。不覺得奇怪嗎？為什麼水桶裡裝著夢想呢？這個名稱的原意是指「死前完成的遺願清單」。「Bucket List」一詞源自「Kick the bucket」，是中世紀的囚犯們在接受絞刑之前，套著繩索站上水桶，當行刑時用腳踢開水桶的動作。這時囚犯們心裡想的是什麼呢？應該是大大小小的願望清單吧！這就是「Bucket List」延伸成為「死前必須完成的遺願清單」的由來。

製作願望清單的好處是什麼呢？透過願望清單你可以得到三項回報。

第一、你會發現自己所喜歡的事物，幫助你更瞭解自己。

第二、製作願望清單並加以實踐時，你會達成夢想，同時提升能力。

第三、當你所挑戰的不是無法達成的「不著邊際的夢想」，而是能夠達成的「具體夢想」，你對生命的滿足感也會增加。

基於這些原因，想法整理學院的第一堂課程就是製作願望清單，因為願望清單是能夠思考人生和夢想的強大工具。你的人生和夢想是什麼呢？現在就試著製作你的願望清單吧！

📋 製作願望清單的三階段

願望清單的製作方法也是非常簡單。重要的一點是寫下夢想之後，從小事開始實踐。即使寫下許多夢想，如果無法實踐，就毫無用處。當寫下自己的夢想，也做好加以實踐的準備之後，現在就來了解願望清單的製作方法吧！

（1）製作願望清單

先後順序	記錄日	願望清單內容	達成期限	達成日	達成與否
	2017.1.10	和朋友一起參加「明天路」鐵道旅行！	3個月內		
	2017.1.25	和家人去濟州島爬漢拏山	1個月內		
	2017.2.16	招待爸媽去海外旅遊	3年內		

俗話說「好的開始是成功的一半」，因此事先製作好願望清單相當重要。如同上表，在希望達成的願望清單上依序寫下記錄日、內容、達成期限。這時的願望清單不需要太過遠大，試著寫下你所希望的小小願望和瑣碎的事情。

寫下達成期限的話，自己想要達成的目標會變得更為具體。因為這會把單純的夢想轉換成可達成的目標，因此最好能寫下達成期限。請記得當你寫下可能實現的目標和日期時，達成的機率就會更高。

（2）決定先後順序

先後順序	記錄日	願望清單內容	達成期限	達成日	達成與否
1	2017.1.10	和朋友一起參加「明天路」鐵道旅行！	3個月內	2017.2.23	
2	2017.1.25	和家人去濟州島爬漢拏山	1個月內		
3	2017.2.16	招待爸媽去海外旅遊	3年內		

　　寫下希望達成的夢想之後，第二件要做的事情就是寫下先後順序。排出先後順序之後，能夠將想法化為行動。先後順序的決定標準人人不同，因此只要配合日的即可。可以根據事情的寶貴程度，也可以按照事情的重要程度決定。

　　像「我是誰？」「我喜歡什麼？」「我想要什麼生活？」等，根據重要的部分排定先後順序時，會發覺自己的價值觀為何，也會成為更了解自己的契機。

（3）實踐願望清單

先後順序	記錄日	願望清單內容	達成期限	達成日	達成與否
1	2017.1.10	和朋友一起參加「明天路」鐵道旅行！	3個月內	2017.2.23	✓
2	2017.1.25	和家人去濟州島爬漢拏山	1個月內	2017.4.30	✓
3	2017.2.16	招待爸媽去海外旅遊	3年內		

　　我們製作願望清單的最終目的是為了達成目標。因此當目標達成時，記得在達成與否上做標記。標記之後，也可以附上照片作為夢想達成的註記。即使是小事也試著一一記錄下來吧！達成許多小的目標，會凝聚為成就未來遠大夢想的力量。

　　那麼，現在就來製作屬於你自己的願望清單吧！

BUCKET LIST					
先後順序	記錄日	願望清單內容	達成期限	達成日	達成與否

願望清單製作範例和後記（第一期會員孫藝珍）

　　我開始製作自己目前或不久的將來想要達成的願望清單。我想如果一開始野心太大，好像會永無止盡，所以我以非做不可的事情為主寫下夢想。減重5kg、每周做3次皮拉提斯和運動、學好中文、減少信用卡消費等，我一口氣寫下原本一直想做的事情。

減重5kg！
每周做3)次
皮拉提斯和運動
學好中文
減少信用卡消費
買車
：

　　我仔細檢視羅列出來的清單，發現大致分成了減重、存錢、學中文！除了羅列出來之外，我還進一步試著分類，才發現了這些大分項。我想為了達成目標，當目標愈具體而實際時，就愈容易促使我去行動，因此我又重新更具體地寫下清單。具體寫下達成期限和達成日之後，我就覺得更能夠具體且實際去行動了！

先後順序	記錄日	願望清單內容	達成期限	達成日	達成與否
	2016.9.21	一天喝10杯水以上	4個月	2016.12.21	
	2016.9.21	碳水化合物減少1/3以上	4個月	2016.12.21	
	2016.9.21	上下樓走樓梯	4個月	2016.12.21	
	2016.9.21	一天走路30分鐘以上	1個月	2016.10.21	
	2016.9.21	學習中文，直到可以用中文思考	1個月	2016.10.21	
	2016.10.1	一周1～2天私人時間	1個月	2016.11.01	
	2016.9.1	每個月信用卡消費不超過30萬韓元	1個月	2016.10.10	
	2016.10.20	周末複習中文	持續2個月	2016.11.20	

　　當我訂出先後順序並檢視達成與否時，感覺就像重新定義自我價值和自我反省，也讓我再次思考該如何達成剩下的目標！

先後順序	記錄日	願望清單內容	達成期限	達成日	達成與否
	2016.9.21	一天喝10杯水以上	4個月	2016.12.21	
	2016.9.21	碳水化合物減少1/3以上	4個月	2016.12.21	
	2016.9.21	上下樓走樓梯	4個月	2016.12.21	
	2016.9.21	一天走路30分鐘以上	1個月	2016.10.21	○
	2016.9.21	學習中文，直到可以用中文思考	1個月	2016.10.21	○
	2016.10.1	一周1～2天留給自己私人時間	1個月	2016.11.01	
	2016.9.1	每個月信用卡消費不超過30萬韓元	1個月	2016.10.10	×
	2016.10.20	周末複習中文	持續2個月	2016.11.20	

我將這一個月來實踐願望清單的「特點」記錄下來。

第一，這份願望清單不同於其他的願望清單，並不是單純列出並完成夢想就結束了，而需要檢查達成期限、達成日、達成與否等，我很喜歡這種具體方式。（能夠具體思索目標！）

第二，按照自己的想法決定先後順序，實踐時更有成就感，也一目瞭然。

第三，因為有「達成與否」的欄位，可以中途查看，也能夠進行最終檢視。今年之內想要達成的其他願望清單，我一定也會認真達成！

運用 ALMind 的
想法整理技術

曼陀羅圖	心智圖	邏輯樹
腦力激盪法	**推薦** Tool	問題圖
ALMind	Evernote	尋找自己的 專屬工具

利用「ALMind」更聰明地整理腦中想法！

東尼‧博贊所開發的想法地圖是仿照人類大腦的認知方式來發想創意，從中心主題延伸擴大成為樹狀圖。想法地圖對於必須接收和處理大量資訊的上班族，以系統化理解知識並記憶的學生，以及必須以結構性思考的專家來說，是非常有用的工具。

ALMind是韓國軟體開發商ESTsoft所研發的數位心智圖軟體程式。ALMind突破了手寫心智圖在修正、攜帶、刪除等編輯上的限制，可以插入圖片、附加檔案、附上連結等，製作出數位化的心智圖。完成的心智圖內容可以儲存成韓文和使用MS-Office存檔，或改為PDF或圖片檔，在工作時可以選擇最有用的方式。優點是除了個人之外，企業和公共機構也可以免費使用。

ALMind是像圖畫板一樣非常簡單的程式，但如果不知道基本的使用方法和運用訣竅，操作起來就會不順暢。我參考ESTsoft公司所提供的ALMind說明指南，製作了操作流程。關於ALMind程式的下載和使用方法等，可以參考「ALMind使用者園地（cafe.naver.com/almindcafe）」。

○1　**ALMind？**

1. 產品介紹

　　「ALMind」是實現心智圖的理論，幫助結構性思考的程式。ALMind具有職業資訊設定功能，能夠設定職業優先順位、進程、開始日、完成日等，同時可以儲存成Microsoft Word、Excel、PowerPoint等格式，做為工作時的輔助工具十分有效率。再加上多樣化並具有優越的設計性，也能做為教育道具。除此之外，也可以建立個人行程，做為個人用途也相當實用。

　　ALMind擁有獨創性的繪圖介面（Drawing Interface），以畫圖的方式引導製作主題，能夠更簡單方便地繪製地圖。

2. 主頁面說明

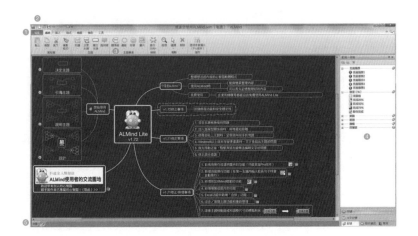

(1) 檔案區

可以使用製作新文件、開啟舊檔、儲存、列印、加密文件、文件資訊變更和轉存其他格式、開啟其他格式檔案、說明等功能。

(2) 快速執行工具

能簡單快速選擇最常使用的功能。點擊區塊右側的箭頭符號之後，選擇其他指令，就能設定想要顯示的功能。

(3) 工具列

ALMind 所有功能的陳列處，根據功能屬性分成不同區域。在欄位區域上點擊滑鼠右鍵，可以顯示或隱藏工具列。

(4) 工作窗

工作窗可以快速陳列地圖的各個要素，以下這些功能具有作業窗。

- 記號：可以將特殊符號和文字記號加入主題中。
- 工作資訊：可以插入主題開始進行的時間、結束時間、所需時間等。
- 數據庫：可以設定並插入美工圖案、背景和其他特殊符號。
- 註解：可以加入關於主題的詳細說明。
- 記事：可以加入簡單的說明，管理歷史紀錄。

在工作窗點按各區塊之後拖曳，就能移動到其他位置，也能和其他工作窗合併。點按工作窗上端的標題欄之後拖曳，就能移動整個合併後的工作窗。

(5) 地圖分頁

可顯示文件內的各個地圖，點擊滑鼠左鍵即可移動地圖。點擊滑鼠右鍵可以刪除、變更地圖名稱、移動、列印和增加其他檔案的地圖。點擊最右側的分頁則可以開啟新分頁。

O2 介紹ALMind的使用方法和主題

1. 主題種類

主題是指輸入關鍵字的文字框，ALMind擁有以下種類的主題。

(1) 中心主題：地圖最主要的重心或地圖的題目。每個地圖只有一個中心主題。

(2) 首要主題：引出中心主題的主要內容。

(3) 次要主題：關於主題的詳細說明。

(4) 說明框：補充說明主題、關係線和邊線。

(5) 獨立主題：增加補充的內容。獨立主題和中心主題沒有連貫性，在地圖中屬於獨立區塊。

2. 主題區域

　　ALMind 具有稱為 Drawing Interface 的獨創性繪圖介面，可以在主題中加入次要主題。這種介面的功能是新增和移動主題，繪製地圖時更加簡易方便。

　　主題區域包括移動區域、拖曳區域和尺寸區域三種。用滑鼠選取或點擊主題即可進行作業。

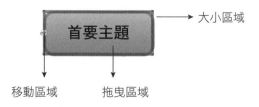

　　呈現十字形的箭頭是移動區域，能夠移動主題。主題內部除了移動區域以外的區域是拖曳區域，可以新增主題。三角形的區域是可以調整主題大小的尺寸區域。

3. 滑鼠使用方法

　　利用滑鼠的點擊和拖曳功能，在新增主題、調整大小和移動主題時會更方便。

(1) 利用繪圖介面新增主題

　　使用繪圖介面 Drawing Interface 新增主題時，先點擊主題

的拖曳區域，再拖曳至要新增的位置，這時滑鼠保持點擊的狀態。拖曳時出現的綠色框格是新增主題的預覽，顯示出主題新增之後的位置。

(2) 移動主題

移動主題時，先點擊主題的移動區域，再拖曳至要移動的位置，這時滑鼠保持點擊的狀態。拖曳時出現的紅色框格是移動主題的預覽，顯示出主題移動之後的位置。

(3) 調整主題大小

調整主題大小時，點擊三角形的主題尺寸區域之後，即可拖曳調整想要的大小。

4. 鍵盤使用方法

利用鍵盤上基本的Enter、Space、方向鍵和Delete鍵就能新增、移動和刪除主題。同時使用快捷鍵時，就能提高ALMind的專業度。

(1) 側邊新增主題

點選中心主題之後，在點擊的狀態下按Space鍵，就能在側邊新增中心主題。離中心主題愈近時，新增的主題位置愈靠

近上方。高層主題和下層主題稱為母子主題。

(2) 下方新增主題

在首要主題或次要主題按下Enter鍵，就能在主題下方新增主題。新增的主題層級等同首要主題或次要主題，稱為同類主題或兄弟主題。

(3) 刪除主題

刪除主題時，選擇想要刪除的主題並按下Delete鍵。想要刪除主題和主題之間的中間主題時，則同時按下Ctrl ＋ Shift ＋ Delete鍵。

(4) 移動主題

想要在主題之間移動時，選擇要移動的主題之後，按上下左右的方向鍵就能移動到想要的位置。如果想要上下移動主題，選擇主題之後，按Alt ＋ Shift ＋方向鍵就能移動。

(5) 利用快捷鍵

想要提高ALMind的專業度，可以參考最後一頁所收錄的經常使用的快捷鍵。

○3 只要熟悉這些，就掌握了主要功能

1. 插入圖片的三種方法

(1) 插入圖片

選擇要插入圖片的主題之後，在工具列的[插入]中點擊 [圖片]之後，選擇想要的圖片，就能將圖片插入主題中。

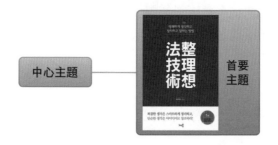

(2) 複製圖片

選擇想要插入圖片的主題之後，從網路或PowerPoint中複 製（Ctrl＋C）圖片，再貼上主題（Ctrl＋V），就能將圖片作 為次要主題。

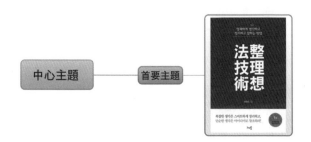

(3) 將圖片填滿主題背景

選擇要插入圖片的主題時，工具列會出現 [風格] 選項。在 [風格] 選項中點選 [主題風格] → [填滿主題] → [圖片] 之後，電腦中儲存的圖片就能填滿主題背景。

2. 連結功能的超連結

(1) 檔案超連結

選擇要附上超連結的主題之後，在工具列的 [插入] 中點選 [超連結] → [網頁和現有檔案] → [搜尋位置] 的 [尋找檔案] 選項，再選擇要加入超連結的檔案，並按下確認鍵。

這時主題右側會出現超連結符號，點擊右側的超連結符號之後，就會連結到該檔案。

(2) 網路超連結

選擇要附上超連結的主題之後，在工具列的[插入]中點選[超連結]→[網頁和現有檔案]→[搜尋位置]，在輸入欄輸入想要的網址。

這時點擊主題右側的超連結符號之後，就會連結到該網址。

(3) 主題或地圖超連結

選擇要附上超連結的主題之後，在工具列的[插入]中點選[超連結]→[現有地圖的主題]，在[地圖選擇]中選擇想要連結的地圖，再儲存要連結的主題，就能完成主題超連結。

這時點擊主題右側的超連結符號，就會連結到該主題。

3. 加入補充說明的註解

　　選擇要插入註解的主題，在工具列的[插入]中點選[註解]之後，在選擇的主題下方會出現註解功能。或者按下[F11]也可以出現註解。

　　當設定為直接在主題內部輸入註解時，在主題右側的註解符號點擊一次，就能收合註解，再點擊一次就能展開註解，可以看到註解的內容。

04 經常使用的快捷鍵

快捷鍵	功能
[新增／刪除]	
Ctrl＋Shift＋Insert	新增高層主題（或母子主題）
F11	新增註解
Ctrl＋K	新增超連結
Ctrl＋F11	新增記事
Ctrl＋Shift＋Delete	刪除選擇的主題
Ctrl＋0	刪除主題內的所有符號

[編輯]	
Ctrl＋Enter	Shift＋Enter主題文字任意換行
F2	選擇主題文字
Ctrl＋Alt＋↑或↓ Shift＋Alt＋↑或↓	變更主題順序
Alt＋Shift＋拖曳移動區域	將目前主題改為獨立主題
Ctrl＋Z	取消動作
Ctrl＋Y	重新動作
Ctrl＋F	在地圖中搜尋文字
Ctrl＋A	全選
Ctrl＋Alt＋B	地圖自動換行
Ctrl＋Shift＋T	開啟字形屬性對話框
[字形]	
Ctrl＋B	粗體
Ctrl＋I	斜體
Ctrl＋U	加底線
Ctrl＋J	左右對齊
Ctrl＋L	靠左對齊
Ctrl＋E	置中
Ctrl＋R	靠右對齊
Ctrl＋Shift＋,	縮小文字
Ctrl＋Shift＋.	放大文字
Ctrl＋Space	只留下文字，刪除所選擇區域的格式
[顯示]	
Ctrl＋調整滑鼠滾輪	畫面放大／縮小
Alt＋↑	畫面往上移動

Alt＋↓	畫面往下移動
Alt＋←	畫面往左移動
Alt＋→	畫面往右移動
Ctrl＋F5	調整比例，顯示地圖中所有主題
Ctrl＋＋	展開層級1
Ctrl＋—	收合層級1
Ctrl＋Alt＋1	只展開次要層級1
Ctrl＋Alt＋2	只展開次要層級2
Ctrl＋Alt＋＋	展開次要主題
Ctrl＋Alt＋—	收合次要主題
Shift＋Alt＋＋	展開全部主題
Shift＋Alt＋—	收合全部主題
F9	顯示全螢幕
[檔案]	
Ctrl＋N	製作新文件
Ctrl＋O	開啟文件
Ctrl＋F4	關閉文件
Ctrl＋S	儲存文件
F12	存成其它檔名

附錄2

想法整理表格

願望清單

BUCKET LIST					
先後順序	記錄日	願望清單內容	達成期限	達成日	達成與否

先後順序	記錄日	願望清單內容	達成期限	達成日	達成與否
		BUCKET LIST			

心智圖

曼陀羅圖

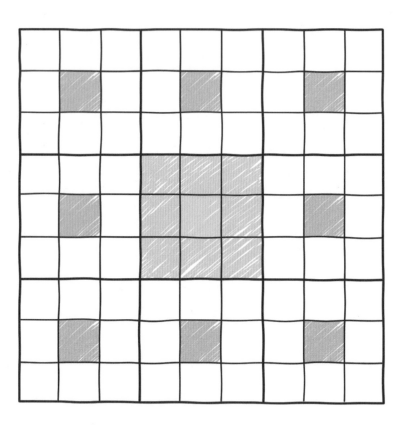

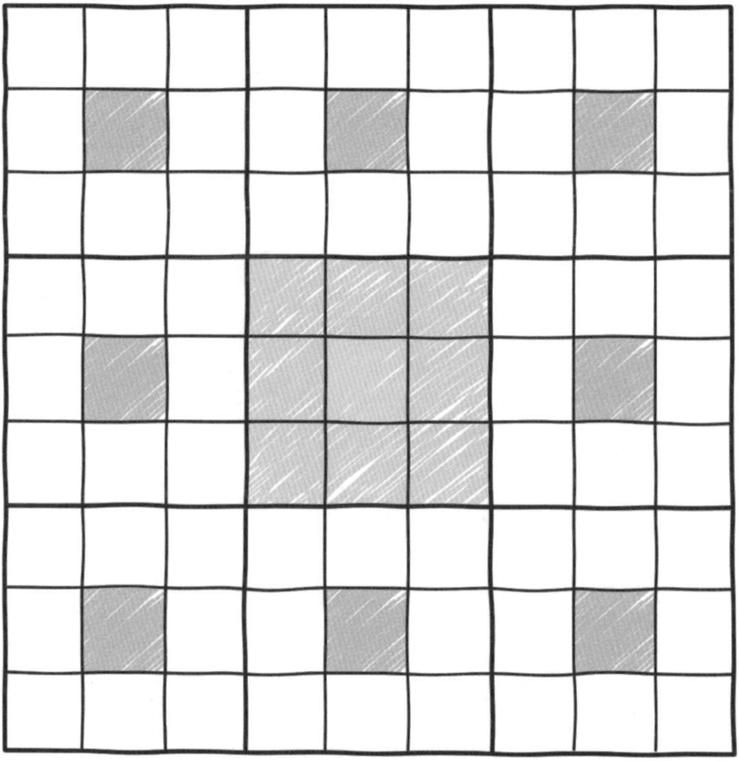

曼陀羅圖

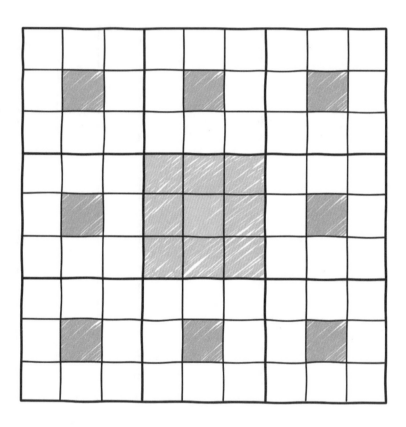

邏輯樹

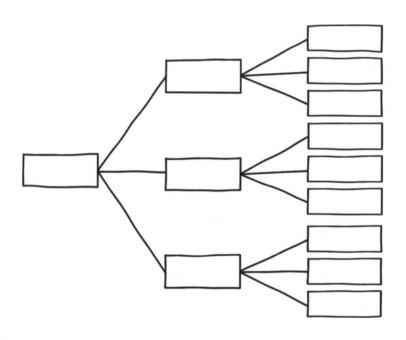

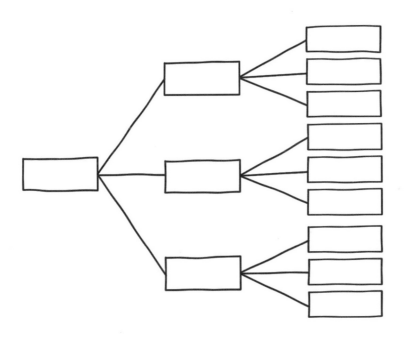

人生座標圖 [過去]

+10
+9
+8
+7
+6
+5
+4
+3
+2
+1

−1
−2
−3
−4
−5
−6
−7
−8
−9
−10

人生座標圖 [現在]

+10 ————————————————————————————
+9 —————————————————————————————
+8 —————————————————————————————
+7 —————————————————————————————
+6 —————————————————————————————
+5 —————————————————————————————
+4 —————————————————————————————
+3 —————————————————————————————
+2 —————————————————————————————
+1 —————————————————————————————

−1 —————————————————————————————
−2 —————————————————————————————
−3 —————————————————————————————
−4 —————————————————————————————
−5 —————————————————————————————
−6 —————————————————————————————
−7 —————————————————————————————
−8 —————————————————————————————
−9 —————————————————————————————
−10 ————————————————————————————

人生座標圖 [未來]

+10 ————————————————————————
+9 ————————————————————————
+8 ————————————————————————
+7 ————————————————————————
+6 ————————————————————————
+5 ————————————————————————
+4 ————————————————————————
+3 ————————————————————————
+2 ————————————————————————
+1 ————————————————————————

−1 ————————————————————————
−2 ————————————————————————
−3 ————————————————————————
−4 ————————————————————————
−5 ————————————————————————
−6 ————————————————————————
−7 ————————————————————————
−8 ————————————————————————
−9 ————————————————————————
−10 ————————————————————————

參考文獻

《戰略編劇力的Know how‧Do how》，野口吉昭

《世界記憶力冠軍的高效記憶筆記》，君特‧卡斯騰，西北國際，2016

《企畫大師》，允英敦

《企畫的兩種形式：簡單又明確的創造企畫概論》，南忠植

《企畫的法則》，朴申英

《企畫講座：大韓民國的核心人才》，金英敏

《論語》，孔子

《茶山先生的知識經營法》，鄭民

《閱讀危機：資訊如何成為災禍》，宋祖恩

《如何閱讀一本書》，莫提默‧艾德勒，台灣商務，2013

《圖解思考整理術》，西村克己，楓樹林，2012

《溝通的基本表達和討論》，表達與討論教科教材出版委員會

《手與腦》，久保田競

《附錄與補遺》，阿圖爾‧叔本華

《賈伯斯傳》，華特‧艾薩克森，天下文化，2013

《害怕演說的你，該如何表達？》，朴惠恩、申成振、李尚恩

《伊凡・傑尼索維奇的一天》，索忍尼辛，水牛，1991

《真正的小論文》，金範洙

《提問的七大問題》，桃樂絲・里茲

《疑問句？學習法！》，李英穆

《桌子就是桌子》，彼得・畢克塞爾

《沉默的世界》，馬克斯・皮卡德

《心智圖聖經／心智圖法理論與實務篇》，東尼・博贊、巴
　　利・博贊，耶魯，2007

《在TOYOTA學到的 只要「紙1張」的整理技術》，淺田卓，
　　天下雜誌，2016

《哈柏露塔的發問課》，DR哈柏露塔教育研究院

BW0644X

整理想法的技術
讓你避免腦袋一片混亂、語無倫次的13項思緒整理工具

原　書　名／	생각정리스킬：명쾌하게 생각하고 정리하고 말하는 방법
作　　　者／	福柱煥 복주환（Bok joohwan）
譯　　　者／	張亞薇
選 書 編 輯／	黃鈺雯
責 任 編 輯／	劉芸、劉羽芩
版　　　權／	吳亭儀、林易萱、顏慧儀
行 銷 業 務／	周佑潔、林秀津、黃崇華、賴正祐、郭盈均

總 編 輯／	陳美靜
總 經 理／	彭之琬
事業群總經理／	黃淑貞
發 行 人／	何飛鵬
法 律 顧 問／	台英國際商務法律事務所　羅明通律師
出　　　版／	商周出版

臺北市104民生東路二段141號9樓
電話：(02) 2500-7008　傳真：(02) 2500-7759
E-mail: bwp.service @ cite.com.tw

發　　　行／英屬蓋曼群島商家庭傳媒股份有限公司　城邦分公司
臺北市104民生東路二段141號2樓
讀者服務專線：0800-020-299　24小時傳真服務：(02) 2517-0999
讀者服務信箱E-mail: cs@cite.com.tw
劃撥帳號：19833503　戶名：英屬蓋曼群島商家庭傳媒股份有限公司城邦分公司

訂 購 服 務／書虫股份有限公司客服專線：(02) 2500-7718；2500-7719
服務時間：週一至週五上午09:30-12:00；下午13:30-17:00
24小時傳真專線：(02) 2500-1990；2500-1991
劃撥帳號：19863813　戶名：書虫股份有限公司
E-mail: service@readingclub.com.tw

香港發行所／城邦（香港）出版集團有限公司
香港灣仔駱克道193號東超商業中心1樓
E-mail: hkcite@biznetvigator.com
電話：(852) 25086231　傳真：(852) 25789337

馬新發行所／城邦（馬新）出版集團
Cite (M) Sdn. Bhd.
41, Jalan Radin Anum, Bandar Baru Sri Petaling, 57000 Kuala Lumpur, Malaysia.
電話：(603) 9057-8822　傳真：(603) 9057-6622　E-mail: cite@cite.com.my

封面設計／黃宏穎
印　　　刷／韋懋實業有限公司
經 銷 商／聯合發行股份有限公司
地址：新北市新店區寶橋路235巷6弄6號2樓
電話：(02) 2917-8022　傳真：(02) 2911-0053

■ 2022年11月3日二版1刷　　　　　　　　　　　　　Printed in Taiwan

생각정리스킬(thinking organize skill)

國家圖書館出版品預行編目（CIP）資料

整理想法的技術：讓你避免腦袋一片混
亂、語無倫次的13項思緒整理工具／
福柱煥著；張亞薇譯. -- 二版. -- 臺北市
：商周出版：英屬蓋曼群島商家庭傳媒
股份有限公司城邦分公司發行, 2022.11
面；　公分. -- (新商叢；BW0644X)
譯自：생각정리스킬：
ISBN 978-626-318-442-8（平裝）

1.CST: 職場成功法　2.CST: 思考
494.35　　　　　　　　　111015522

定價380元　　　　　　　　　版權所有・翻印必究
ISBN：978-626-318-442-8（紙本）ISBN：9786263184534（EPUB）

城邦讀書花園
www.cite.com.tw